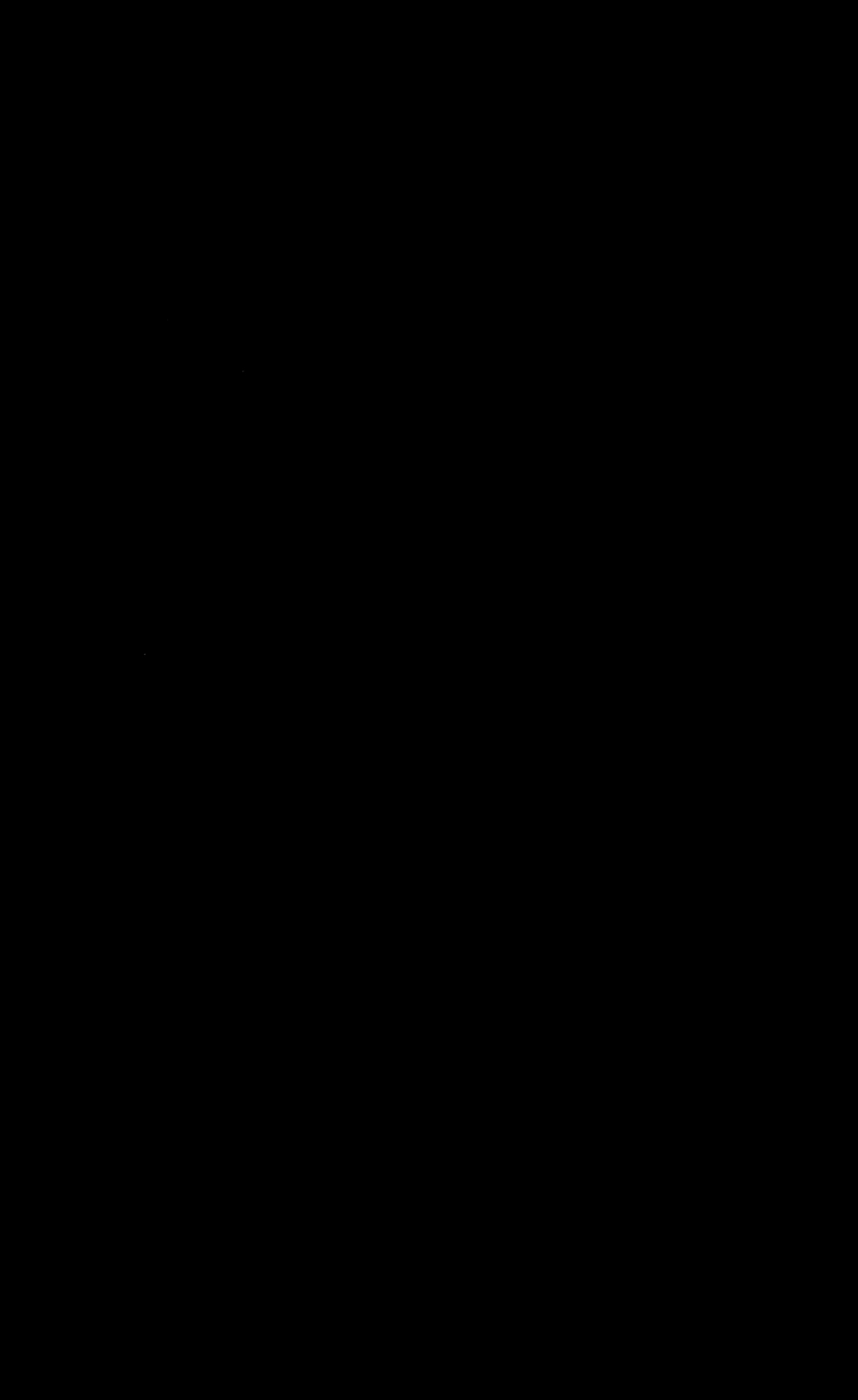

빅뱅과 5차원 우주 창조론

권진혁 지음

일용할양식
Daily Bread Publishing

초판발행 2016년 3월 19일
제1판2쇄 2017년 6월 28일

지은이 권진혁
펴낸이 김승기
펴낸곳 도서출판 일용할 양식
주소 경기도 파주시 광인사길 143
등록일 2006년 12월 14일(제406-2006-00083호)
대표전화 (031)955-0761 / **팩스** (031)955-0768

책임편집 최일연 / **편집** 신성민, 손정희, 김민보 / **디자인** 유준범
마케팅 백승욱, 최복락, 김민수, 심수경, 최권혁, 백수정, 최태웅, 김민정
인쇄·제본 천일문화사

ISBN 978-89-959092-6-3 03200
값 12,000원

- 이 도서의 국립중앙도서관 출판예정도서목록(CIP)은 서지정보유통지원시스템 홈페이지(http://seoji.nl.go.kr)와 국가자료공동목록시스템(http://www.nl.go.kr/kolisnet)에서 이용하실 수 있습니다.
  (CIP제어번호: CIP2016005977)
- 이 책의 저작권은 도서출판 일용할 양식과 지은이에게 있습니다. 무단 복제 및 전재를 금합니다.
- 잘못된 책은 구입한 서점에서 교환해 드립니다.

너희는 고개를 들어서
저 위를 바라보아라.
누가 이 모든 별을 창조하였느냐?
바로 그분께서 천체를
수효를 세어 불러내신다.
(이사야 40장 26절)

추천사

•••

　우리는 밤하늘의 별빛을 통해 아름답고 신비한 우주를 볼 수 있습니다. 수많은 과학자들의 숨은 노력 덕분에 우리는 우주에 대하여 참으로 많은 것을 알게 되었습니다. 20세기 들면서 과학자들은 커다란 망원경을 사용하여 은하들이 지구로부터 계속 멀어지고 있는 현상, 즉 허블의 법칙을 발견하고 빅뱅 이론을 만들었습니다. 그러나 이 이론은 많은 문제점과 새로운 천문학적 발견에 따라 계속 수정되어 왔습니다.

　초기의 빅뱅 이론에 의하면, 빅뱅은 우주 역사상 단 한 번 발생하였고, 우주는 빅뱅 직후의 인플레이션과 지속적 팽창을 거쳐 오늘날 우리가 보는 우주가 되었다고 했습니다. 하지만 그 후 빅뱅 이론은 결국 수천 억 개의 우주가 물거품처럼 발생하였다가 사라져간다고 하는 다중 우주론이라는, 과학을 초월한 이론으로 흘러가버렸습니다. 과학적으로 검증이 불가능한 다중 우주론은 마치 진화론적 관점만을 따라가는 과학의 어떤 종말을 보는 것 같습니다.

　이와 같이 빅뱅 이론은 변화무쌍한 이론일 뿐 아니라 여전히 가설적 상태를 벗어나지 못하고 있습니다. 그럼에도 불구하고 이 경이로운 우주가 하나님께서 창조하신 것이 아니라 우연히 빅뱅에 의해 저절로 발생했다는 주장이 과학적 진리인 것처럼 알려지고 있습니다. 최근에는 과학자들이 우주의 구성 성분 가운데 그 정체를 모르는 암흑 물질과 암흑 에너지가 우주의 95%를 차지하고 있다는 사실을 발견하고 당혹해하고 있습니다. 천문학자들이 거대한 망원경으로 관찰하고 있는 이 거대한 우주도 사실은 우주 전체의 5%밖에 안 됩니다. 아직 어떤 과학 이론으로도 그 나머지 모르는 95%를 설명하기 어렵다는 것은 첨단 과학 시대의 아이러니가 아닐 수 없습니다.

정말 이 광대한 우주는 우리가 모르는 놀라운 신비로 가득 차 있는 것 같습니다. 그렇기 때문에 우주의 광대한 크기와 젊은 우주에 대한 증거들은 서로 모순되는 것 같아 보이기도 합니다. 하지만 이 모든 사실은 우리가 우주에 대하여 얼마나 모르고 있으며, 또한 하나님의 창조의 솜씨가 얼마나 놀라운지를 보여주는 증거가 됩니다.

우주에 대한 많은 책들이 있지만, 우주의 창조에 대해서 창조론적 관점에서 설명하는 책은 찾아보기 힘듭니다. 그러나 이 책은 우주 창조의 연대에 대해서 빅뱅 이론의 허실을 정확하게 지적하고, 오래된 연대와 젊은 연대를 잘 조화시키는 '펼쳐진 우주 창조론'적 관점으로 최초의 체계적인 우주 창조론이라고 할 수 있습니다.

빅뱅 이론만이 우주의 기원을 설명한다고 여겨지는 이 시대에 권진혁 교수가 현대과학의 현 위치와 그 숨겨진 한계들을 명쾌하게 드러내고, 창조론적 우주론을 연구하여 하나님께 영광을 올리는 귀한 책을 내어 반갑고도 감사합니다. 이 책이 등대처럼 쓰임 받아서 하나님의 창조 진리를 잘 드러내고, 많은 사람들이 창조의 진리를 발견하는 데 귀한 도구로 사용되길 바랍니다.

2016년 3월 4일
한국창조과학회장 이은일

머 리 말

오늘날과 같이 과학이 인간의 삶에 지대한 영향을 미치는 시대는 없었다. 과학과 기술은 17세기 이후 혁명적으로 발전하여 오늘날 우리는 600km 상공의 우주 공간에 떠서 수십억 광년 너머의 우주를 관찰하는 허블 망원경의 놀라운 영상을 몇 초 만에 다운로드하여 볼 수 있는 시대에 살고 있다.

그럼에도 불구하고 우주 기원의 문제에 접근하면 과학과 철학, 과학과 종교의 경계선은 매우 흐릿해진다. 심지어 과학자들조차 자신의 주장이 과학적인지, 철학적인지, 아니면 종교적인지 혼동하기도 한다.

우리는 우주에 대해서 놀라울 만큼 많은 지식을 얻고 있지만, 아직도 우주가 언제 어떻게 시작되었는지에 대해서는 아는 것보다 모르는 것이 훨씬 많다. 지난 몇 십 년간 빅뱅 이론은 마치 우주의 기원에 대해서 명쾌한 설명을 할 수 있는 완성된 이론인 것처럼 알려져 왔다. 모든 과학 서적과 매스컴에는 빅뱅 이론이 완성되고 확고한 우주 기원론으로 소개되고 있다. 신학도 빅뱅 이론과 조화할 수 있는 신학적 관점을 세우려고 노력하여 왔다.

하지만 최근 빅뱅 이론의 전문가들 사이에서는 여전히 빅뱅 이론으로 풀리지 않는 여러 우주의 수수께끼가 발견되기 시작하자 빅뱅 그 자체를 의심하는 이들도 많이 나오고 있다. 그야말로 우주의 기원에 대한 빅뱅 이론이 실타래가 꼬이듯 더 어려워지고 있다.

그동안 많은 연구와 저서를 통하여 체계화된 생명과학 분야에 비해서 창조과학은 상대적으로 우주 기원론에 있어서는 아직까지 그 체계가 취약하다. 특히, 연대 문제에 있어서 수백억 년의 오래된 우주를 주장하는 창조론자들과 수만 년 이내의 극단적 젊은 연대를 주장하는 창조론자들 사이의 견해 차이도 매우 크다.

이 책은 빅뱅 이론의 역사와 최근의 데이터를 살펴봄으로써 이 이론이 여전히 가설의 상태를 벗어나지 못하고 있음을 밝힌다. 또 펼쳐진 우주론을 통해 창조론적 우주론을 제시하고, 젊은 우주와 오래된 우주의 갈등은 창조의 과정 속에 들어 있는 시간의 비밀 때문임을 말하고자 한다.

이 책을 쓰는 데 오랜 기간 여러모로 도와주고, 초고를 검토해준 아내, 비전공자의 관점에서 원고를 비평해주고 많이 교정해준 영남대학교 법학전문대학원의 김세진 교수, 그리고 좋은 의견을 많이 주신 조윤래 영남대학교 교수선교회장에게 감사드린다. 또한 화학공학부 조무환 교수님, 경일대학교 이종헌 교수님, 김종일 원장님, 그리고 초끈 이론에 대해서 좋은 조언을 해주신 한양대학교 물리학과 권영헌 교수님과 그 외에 도움을 주신 여러분에게 감사드린다. 마지막으로, 이 책을 출간할 수 있도록 많이 격려해주신 창조과학회 이은일 회장님에게 깊은 사의를 표한다.

2016년 3월 1일
권진혁

차 례

추천사 4

머리말 6

제1부 현대 천문학의 탄생과 빅뱅 이론

제1장 뉴턴이 생각한 우주의 모습 12
    정적 우주론의 한계 16

제2장 허블과 현대 천문학의 탄생 19
    허블의 법칙과 팽창 우주론 19
    우주의 구조 24
    우주에서의 거리 측정 26
    빅뱅 이론의 탄생 30

제3장 변화하는 빅뱅 이론 36
    초기 빅뱅 이론의 문제점 37
    인플레이션 빅뱅 이론 41
    변하는 광속 이론 43
    진동 우주론 46
    다중 우주론 – 우주는 물거품인가? 47
    다중 우주론의 문제와 의미 48
    주기적 우주론 53

제4장 빅뱅 이론의 문제점들 58
    작동과학과 기원과학 59
    암흑 물질 60
    가속 팽창하는 우주와 암흑 에너지 62

우주론의 암흑 시대　64
　　우주 기원 모델　68
　　플랑크 위성의 우주배경복사 측정　76

제5장　두 가지 우주관　89
　　충돌하는 세계관　89
　　자연주의적 우주관　93
　　유신론적 우주관　96
　　스티븐 호킹의 '위대한 설계'　99

제2부　창조론적 우주론

제6장　우주에 나타난 창조의 증거들　116
　　미세 조정된 우주　116
　　태양과 지구에 새겨진 창조의 흔적　123
　　욥기에 나타난 우주 이야기　132

제7장　창조와 시간　140
　　오래된 우주론　142
　　젊은 연대론　148
　　창세기 족보와 6,000년 설　162
　　두 가지 시간　167
　　하나님의 시간　170

제8장　펼쳐진 우주 창조론　174
　　창조과학의 과학적 방법론　174
　　하늘의 펼침　181
　　차원의 물리학　185

펼쳐진 우주 창조론 191
펼쳐진 우주론의 조건 195
5차원 물리학과 구면 우주론 198
창세기 1장과 펼쳐진 우주론 201
허블의 법칙과 펼쳐진 우주론 204
우주배경복사와 펼쳐진 우주론 207
창조의 시간과 펼쳐진 우주론 207
창조 시간의 비밀 210
성년 우주 창조론 216
펼쳐진 우주 창조론의 주요 결론 218
펼쳐진 창조론의 의미 223

제9장 과학과 신앙 227
신이냐 우연이냐? 230
에필로그 234

부록 1 상대성 이론 236
특수 상대성 이론 236
일반 상대성 이론 242

부록 2 우주는 몇 차원까지 있는가? 246
5차원 물리학 250

부록 3 신의 입자 254

부록 4 지평선 문제와 편평도 문제 260

참고문헌 264
찾아보기 268

제1부

현대 천문학의 탄생과 빅뱅 이론

제1장

뉴턴이 생각한 우주의 모습

갈릴레이가 죽던 해에, 영국 링컨서Lincolnshire의 울스소프Woolsthorpe 라는 작은 마을에 아이작 뉴턴Isaac Newton(1642~1727)이 농민의 아들로 태어났다. 그가 18세에 캠브리지의 트리니티 대학Trinity College 에 입학했을 때, 대학은 주로 아리스토텔레스의 자연철학 사상을 가르치고 있었다. 하지만 그는 주로 데카르트, 코페르니쿠스, 갈릴레오, 케플러에 대한 것을 많이 공부하였다.

1665년 8월, 뉴턴이 학위를 받자마자 흑사병이 유행하여 대학이 문을 닫게 되었다. 그는 울스소프 고향으로 돌아가 2년간 혼자 연구를 하는 동안 만유인력의 법칙을 발견하였다. 비록 그는 학창 시절 뛰어난 학생은 아니었지만, 매우 창의적인 생각을 가지고 있었기 때문에 혼자서 수학, 광학 그리고 중력의 법칙을 연구하였다. 1667년에 그는 트리니티 대학에 교수가 되어 다시 돌아왔다. 그리고 20년 후인 1687년 7월 5일, 뉴턴은 세계의 과학과 문명의 역사를 바꾸는 혁명적인 책, 즉 3가지 보편적 운동법칙을 다룬 《프린키피아《Principia》를 발간하였다.[1] 이 3가지 보편적 운동법칙은 다음과 같다.

- 제1법칙(관성의 법칙): 공기의 저항, 마찰력, 중력 등 외부 힘의 작용이 없으면 정지한 물체는 영원히 정지하고, 운동하는 물체는 영원히 등속운동을 한다.
- 제2법칙(가속도의 법칙): 물체의 가속도는 작용하는 힘에 비례하고, 질량에 반비례한다.
- 제3법칙(작용 반작용의 법칙): 두 물체 A, B가 서로 상호작용을 할 때, A가 B에 작용하는 힘은 B가 A에 작용하는 힘과 그 크기가 같고 방향은 반대이다.

새로운 역학 이론을 담은 이 책은 곧 17세기 근대과학혁명과 19세기 산업혁명으로 이어져서, 서구 근대사회의 발전에 커다란 공헌을 하였다. 또 학술적으로 보아도 그 후 200년 이상 그 내용에 큰 변화가 없을 만큼 완전한 이론이었다. 오늘날에도 비상대론적 과학기술에 그대로 적용되고 있다. 뉴턴은 만유인력 이론과 역학 이론을 이용하여 유명한 케플러의 천문법칙 3가지*를 간단하게 유도할 수 있음을 보임으로써 그의 역학 이론의 놀라운 능력을 증명하였다.

뉴턴은 명백하게 지동설을 지지하였으며, 힘과 운동의 법칙과 만유인력의 법칙을 이용하여 훨씬 정교한 지동설을 제시하였다. 이로써 천동설과 지동설의 갈등은 지동설의 완전한 승리로 끝나게

---

* 타원궤도의 법칙, 면적속도 일정의 법칙, 조화의 법칙

되었다.

뉴턴의 역학으로 말미암아 코페르니쿠스-갈릴레오-뉴턴으로 이어지는 약 150년에 걸친 근대과학혁명이 완성됨으로써 인류 역사상 가장 거대한 변혁이 본격적으로 시작되었다. 1687년부터 시작하여 20세기 초 아인슈타인의 상대성 이론과 슈뢰딩거Schrödinger의 양자역학으로 특징지어지는 현대과학혁명에 이르기까지 약 200여 년에 걸쳐 서구 과학기술은 크게 발달하였으며, 전 세계 과학 지식의 발전에 기여하였다.

상대성 이론과 양자역학으로 특징지어지는 현대과학혁명은 산업적인 응용이 어려워 대중들의 삶의 현장에서 멀리 떨어져 있을 뿐 아니라 문명과 기술에 미치는 영향력이 작았다. 그에 비해 17세기의 근대과학혁명은 학문과 기술과 문화를 아울러 인류의 삶의 틀을 근본부터 변화시키는 혁명적 사건이었다. 다시 말해서 20세기 초에 이루어진 현대과학혁명은 그 전후 사람들의 삶과 세계관에 크게 영향을 주지 않았던 것에 비해서, 근대과학혁명은 그 전후 사람들의 삶의 패턴과 문화 및 사고방식을 완전히 바꾸어놓았다. 중세적 삶의 모습과 세계관이 근대적 삶의 모습과 새로운 세계관으로 개편되었으며, 동시에 유럽의 여러 나라들은 과학과 기술의 힘을 이용하여 세계에서 가장 강력한 나라들이 되었다.

뉴턴은 역학 이외에도 광학 연구를 많이 하였다. 그는 백색광이 여러 가지 색으로 분해될 수 있음을 증명하였고, 색 이론을 연구하였으며, 반사식 망원경을 개발하여 천체 관측의 발전에 기여하였다.

그렇다면 당대에 거의 혁명적인 과학의 진보를 이룩한 뉴턴은 우주에 대해서 과연 어떠한 생각을 하였을까?

뉴턴 시대에는 갈릴레오의 굴절망원경보다 더 큰 규모의 반사망원경이 개발되어 우주가 거대하며, 별들은 태양과 유사한 항성이라는 사실도 알려져 있었다. 뉴턴은 우주의 모든 별들이 서로 중력으로 잡아당기기 때문에 서로 균형을 이루어 정지 상태에 있다고 보았다. 이것을 뉴턴의 '정적 우주론'이라고 한다.

그러나 당시에는 오늘날에 비해서 망원경의 크기가 작고 해상도가 낮아서 태양계를 벗어나 먼 은하들을 관측할 수준은 되지 않았다. 그래서 아직도 별들의 집단인 은하에 대해서는 정확하게 알지 못하였다. 물론 우리 은하를 벗어난 외부 은하의 존재에 대해서도 전혀 알지 못하였다. 따라서 뉴턴의 우주관은 별들 사이의 중력적 균형을 통한 정지된 우주관이었으며, 이는 당시의 관측 수준으로 볼 때 행성을 제외한 항성들은 모두 정지한 것으로 보았던 것과도 일치하는 것이었다.

뉴턴이 《프린키피아》를 발간한 때부터 88년 후, 임마누엘 칸트 Immanuel Kant(1724~1804)는 더 많은 천문학적 관측 자료를 토대로 우리 은하계 밖에 다른 많은 은하계가 존재할 것이라고 추측하였다. 즉, 그는 수많은 은하계들이 모여서 우주를 구성하고 있을 것이라고 생각하였다.

이 추측을 관측으로 증명한 천문학자가 바로 영국의 윌리엄 허셜 William Herschel(1738~1822)과 미국의 천문학자 에드윈 허블 Edwin Hubble(1889~1953)이었다. 독일 태생 영국 천문학자 허셜은 직경 16cm, 초점거리 2.1m의 반사망원경을 직접 제작하여 천왕성을 비롯한 수많은 항성과 성운을 발견하였다. 특히, 그는 쌍성binary stars** 연구에 몰두하여 800쌍 이상의 쌍성을 발견하고 기록하였다.

1782년부터 1802년에 걸쳐 허셜은 그가 직접 만든 직경 30cm, 초점거리 610cm의 더욱 밝아진 망원경을 사용하여 별 이외의 천체들을 관측하였다. 그는 관측 결과를 세 권의 카탈로그로 발간하였다.[2] 당시에는 별 이외의 희미한 성운과 멀리 떨어진 은하가 구분이 되지 않아서 모두 성운nebula이라고 불렀다. 즉, 수천억 개의 별들의 집합으로 된 은하galaxy와 먼지 구름으로 구성된 성운nebula이 구별되지 않았다.

허셜은 우리 은하계 밖의 외부 은하를 관찰하였지만, 당시의 작은 반사망원경으로 관찰할 때 보이는 작고 희미한 모습을 보고 그것이 은하라고는 생각하지 못하고, 다만 우주 먼지들의 집합체, 곧 성운이라고 생각하였다. 나중에 허셜은 직경 1.3m, 초점거리 12m의 대형 반사망원경을 만들었지만 사용이 너무 어려워서 대부분의 관측은 직경 47cm짜리 망원경에 의하여 이루어졌다. 허셜은 망원경을 400개 이상 제작한 것으로도 유명하며, 망원경 제작 기술과 제어 기술이 낙후되었던 시대에 외부 은하를 볼 수 있는 망원경을 만들어서 '깊은 우주' 관측을 시작한 개척자로서 알려져 있다.[3]

정적 우주론의 한계

뉴턴 당시의 천문학 관측 장비의 수준으로는 외부 은하나 별들

** 두 개의 별이 중력에 의하여 서로 회전하는 별의 쌍

의 움직임을 볼 수 없었기 때문에 밤하늘에 흩어진 별들은 모두 정지한 것처럼 보였다. 당시 만유인력의 법칙을 발견한 뉴턴은 모든 별들이 서로 엄청난 중력으로 잡아당기고 있다는 것을 누구보다도 잘 알고 있었다. 그럼에도 불구하고 별들이 정지한 것처럼 보이는 이유에 대해서 뉴턴은 우주 속에 수많은 별들이 균일하게 분포하고 있기 때문이라고 확신하였다. 즉, 별들이 앞뒤 좌우로 서로 잡아당기고 있어 중력이 상쇄되기 때문에 전체 우주는 정지한 상태에 있을 것이라고 생각하였다. 그러나 여기에는 결정적으로 두 가지 문제점이 있다.

첫째는, 밤하늘에 분포하는 별들이 겉으로 보기에는 골고루 균일하게 퍼져 있는 것처럼 보여도 실제로는 별들이 더 많이 집단적으로 모여 있는 영역과 적게 모여 있는 영역이 존재한다. 이런 경우에 별의 밀도가 높은 영역은 주변의 별들을 끌어들여서 점점 더 별의 숫자가 많아지면서 별의 밀도가 높아지고, 결국 별들은 서로 충돌하게 되어 별들이 파괴될 것이다.

둘째는, 전체 우주의 불안정성이다. 그림 1에 나타난 대로, 우주 전체의 크기는 유한하기 때문에 우주 속의 별들은 중력으로 서로 잡아당기게 되면 우주의 크기는 점점 더 축소될 것이다. 만유인력에 의하여 우주가 중심을 향하여 잡아당겨지면서 별들의 속도는 점점 더 빨라지게 되어, 결국 우주는 점점 작아지고 별들의 충돌과 파괴가 이어지면서 결국 우주가 사라지고 말 것이다. 우주의 중력 붕괴이다.

이러한 두 가지 근본적인 문제가 있기 때문에 정적 우주론은 본질적으로 해답이 될 수 없었다.

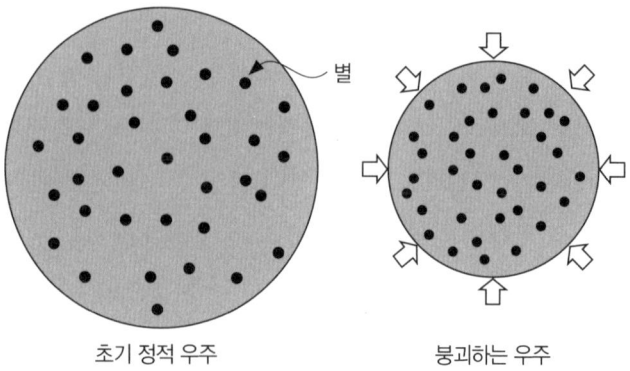

그림 1

초기에 정적인 우주로 창조된 우주는 곧바로 거대한 중력붕괴를 일으킨다. 즉, 정적 우주론은 불안정한 우주이다.

---

1) 원저명은 《자연철학의 수학적 원리(Mathematical Principles of Natural Philosophy)》이다.
2) "Catalogue of One Thousand New Nebulae and Clusters of Stars"(1786), "Catalogue of a Second Thousand New Nebulae and Clusters of Stars"(1789), "Catalogue of 500 New Nebulae"(1802).
3) en.wikipedia.org, "William Herschel"

제2장

허블과
현대 천문학의
탄생

허블의 법칙과 팽창 우주론

  미국에서 태어난 에드윈 허블은 우리 은하계를 넘어서 다른 외부의 은하를 본격적이고 체계적으로 연구한 위대한 천문학자이다. 시카고 대학에서 수학, 천문학, 철학 등을 공부한 그는 1919년 당시 최대인 직경 2.5m의 망원경을 설치한 로스엔젤레스 인근의 윌슨 산 천문대에 참가하여 본격적인 천문 관측을 시작하였다. 그는 세페이드 변광성Cepheid variable star*을 이용하여 우리 은하계에서 이웃한 안드로메다 성운까지의 거리를 측정하는 데 성공하였다.

  세페이드 변광성은 밝기가 주기적으로 변하는 특수한 별로서

---

* 밝기가 주기적으로 변하는 별의 일종으로, 우주에서 먼 거리를 측정하는 표준 광원(standard candle)으로 활용된다.

그 절대밝기**와 주기의 상관관계가 잘 알려져 있다. 따라서 망원경으로 별이 밝아졌다가 어두워진 후 다시 밝아지는 주기를 측정하면 손쉽게 그 별의 절대밝기를 계산할 수 있다. 일단 절대밝기를 알게 되면, 지구에서 망원경으로 측정되는 상대밝기와 비교함으로써 간단히 그 별 또는 그 별이 소속된 은하까지의 정확한 거리를 산출할 수 있게 된다. 말하자면, 세페이드 변광성은 우주를 탐사하는 등대와 같다고 할 수 있다.

또한 허블은 멀리 떨어진 은하들로부터 오는 별빛의 파장이 우리 은하게 속에 있는 별빛의 파장과 비교했을 때 붉은색 쪽으로 치우친다는 사실을 발견하였다. 모든 은하들과 그 속의 별들은 대부분 동일한 구성 원소, 즉 수소로 되어 있기 때문에 가까운 은하와 멀리 떨어진 은하에 소속되는 별들의 파장이 서로 다르다는 것은 이해하기 어려운 일이었다. 허블은 그 원인이 멀리 떨어진 은하가 정지 상태에 있는 것이 아니라 지구로부터 더 멀어지는 방향으로 후퇴하고 있기 때문에 별빛의 적색편이red shift가 발생하여 파장이 길어진다는 사실을 발견한 것이었다.

적색편이는 별빛이 붉은색 쪽으로 치우치는 현상을 말한다. 모든 별과 우리 태양은 기본적으로 수소와 헬륨 그리고 소량의 더 무거운 원소들로 구성되어 있기 때문에 별빛의 파장은 동일하여야 한다. 그런데 망원경으로 멀리 있는 은하의 별빛 파장들을 측정해 보니 태양에 비해서 좀 더 붉은색 쪽으로 치우쳐 있는 것을 발견한

** 절대등급이라고도 한다. 별은 가까이 있으면 밝게 보이고 멀리 있으면 어두워 보인다. 따라서 그 별의 절대밝기를 알려면 모두 동일한 거리, 즉 10pc(파섹, 1파섹=3.26광년) 또는 32.6광년 거리에 두고 비교해야 한다. 일단 절대밝기를 알게 되면, 망원경으로 상대밝기를 측정하여 그 별까지의 거리를 정확하게 구할 수 있다.

것이다.

적색편이가 발생하는 이유는 별들이 지구로부터 멀어지고 있기 때문이다. 별빛의 파장이 길어지면 붉은색 쪽으로 가고, 파장이 짧아지면 푸른색 쪽으로 가까이 간다. 빛과 같은 파동은 별이 후퇴하는 상태에서 빛을 발산하면 그 파장이 길어져서 붉은색 쪽으로 이동하는 효과가 나타나며, 그 양은 후퇴 속도에 비례하는데, 이것을 적색편이라고 한다. 적색편이는 머나먼 우주를 탐사하는 데 있어서 가장 중요한 과학적 도구이다.

허블은 여러 은하들의 적색편이 크기를 측정하여 별까지의 거리와 후퇴 속도를 계산하는 데 성공하여 은하 천문학이라는 거대한 세계를 개척하였다. 또한 그는 은하들의 후퇴 속도가 지구로부터 은하까지의 거리에 비례한다는 '허블의 법칙'을 발견하였다. 이 허블의 법칙은 천문학에서는 가장 중요한 법칙 중의 하나이다. 그럼에도 불구하고 그는 노벨상을 받지 못하였는데, 당시에는 노벨 물리학상을 천문학 분야에서 수여하지 않았기 때문이다.

허블은 약 46개의 은하를 조사하여 은하의 후퇴 속도(v)는 지구로부터 은하까지의 거리(d)에 비례한다는 것을 알아내었다. 허블의 법칙을 수학적으로 표현하면 다음과 같다.

$$v = H \cdot d$$

여기서 H는 허블 상수로서 비례상수이다. 이 허블 상수는 단순한 상수이지만 우주의 나이와 직결되어 있다. 이 허블의 법칙으로부터 우주의 크기가 영이 될 때까지 외삽하여 시간을 거꾸로 계산하면, 우주의 나이는 다음과 같이 주어지며, 허블 상수 H 값에 반비례한다.

$$우주의 나이 = \frac{9764억 년}{H}$$

여기서 허블 상수 H와 우주의 나이 관계를 살펴보면 은하들의 후퇴 속도가 더 빠르기 때문에 우주의 나이는 더 젊다는 뜻이 되며, 반대로 H가 작으면 우주의 나이는 더 오래되었다는 뜻이 된다.

그림 2는 허블의 법칙을 나타내는 그래프인데, 처음에 허블은 H = 500km/s/Mpc***으로 계산해내었다. 이 값을 사용한 허블 당시의 우주의 나이는 약 20억 년에 불과하였다.

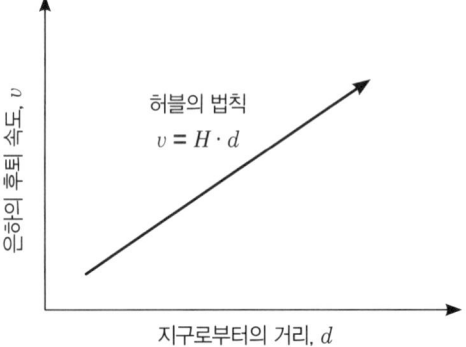

그림 2

허블의 법칙을 나타내는 그래프. 멀리 떨어진 은하의 후퇴 속도는 거리에 비례한다.

*** Mpc은 메가파섹으로 부르며, 천문학적 거리 단위를 나타낸다. 1Mpc은 326만 광년의 거리에 해당한다.

최근에 알려진 흥미로운 사실은 우주의 팽창과 허블의 법칙이 허블보다 2년 전인 1927년에 벨기에의 가톨릭 사제이자 루뱅 가톨릭 대학교 물리학 교수였던 르메트르Lemaitre에 의하여 먼저 발표되었다는 사실이다.[1] 그는 아인슈타인의 일반 상대성 이론을 풀어서 우주가 팽창하고 있다는 우주 팽창설을 주장하였으며, 우주의 나이와 관계되는 허블의 상수까지 계산하였다. 사실 허블이 발견한 중요한 내용을 거의 다 먼저 발표하였으나 유명하지 않은 과학 논문에 발표하였기 때문에 세계적으로 알려지지 않았다. 따라서 허블의 법칙을 '르메트르의 법칙'이라고 불러야 한다는 주장도 제기되고 있다.

오늘날 지구 상공 600km에서 가장 정밀하게 우주를 관찰할 수 있는 허블 우주망원경과 윌킨슨 우주배경복사 탐사위성Wilkinson Microwave Anisotropy Probe, WMAP 등의 고도로 발달한 천문 장비로 관측한 바에 따르면 허블 상수는 약 70.8 ± 1.6km/s/Mpc으로 알려져 있다. 이 값에 의하면 우주의 나이는 약 137억 년이 나온다. 2013년, 더 정확한 플랑크 위성이 관측한 바에 의하면 허블 상수는 67.8 ± 0.77km/s/Mpc이며, 우주의 나이는 약 138억 년으로 수정되었다.

은하들이 서로 빠른 속도로 멀어지고 있다는 사실을 허블이 발견함으로써 뉴턴과 아인슈타인이 생각했던 정적 우주관이 무너지고 동적 우주관, 곧 팽창 우주관이 탄생하였다. 이에 우주에 대한 인식이 크게 변화하기 시작하였다.

허블이 우주의 팽창을 발견하기 이전까지는 뉴턴의 정적 우주론이 폭넓게 인정받았다. 즉, 우주와 그 속의 별이나 은하들은 정지 상태에 있다고 생각하였다. 뉴턴은 정적 상태의 우주는 매우 불안정하여 내부에 작은 요동이 발생하면 곧바로 중력 불균형이 발생하여 우주가 붕괴할 수밖에 없다는 사실을 잘 인지하고 있었다. 하지만 당시의 매우 부족한 천문학적 정보와 별들이 움직인다는 생각을 하지 못하였기 때문에 정적 우주론을 주장한 것이었다.

아인슈타인은 1926년 일반 상대성 이론을 발표하였을 때, 그의 이론 속에 우주가 팽창하고 있다는 의미가 들어 있다는 것을 알았다. 하지만 뉴턴과 마찬가지로 당시 우주는 정지한 정적 상태라는 생각이 지배적이어서 그는 일반 상대성 이론의 방정식 속에 임의로 우주 상수(Λ)를 삽입하여 강제적으로 정적 우주를 나타내는 방정식을 만들었다. 몇 년 후 허블이 팽창 우주론을 발표하자 아인슈타인은 자신이 우주 상수를 삽입한 것은 생애 최대의 실수라고 인정하였다.

우주의 구조

허블 이후 직경 5m 크기의 거대한 천체 망원경들이 세워져서 외부 은하에 대한 많은 관측과 발전이 이루어지고 있다. 1990년에는 지상 600km 상공에서 공기와 구름의 영향을 받지 않고 항상 우주를 정밀하게 관측할 수 있는 허블 우주망원경까지 가동되기 시작하면서 100억 광년 너머의 먼 우주까지 관측이 가능하게 되었다. 그 결과 거대한 전체 우주의 윤곽이 조금씩 드러나고 있다.

우주 구성의 기본 단위는 은하이다. 평균 한 개의 은하는 약 1,000억 개에서 3,000억 개의 별들을 포함한다. 은하들은 수십 개

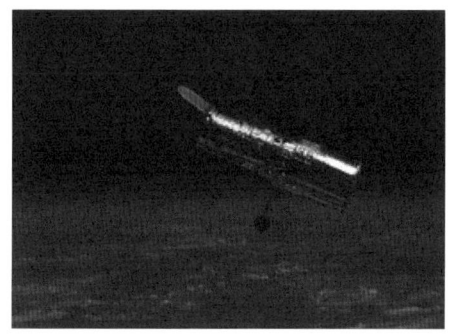

그림 3

지구 600km 상공에서 먼 우주를 관측하는 허블 망원경
(Courtesy of NASA)

정도가 모여 은하군을 이루고, 은하군 수백 개가 모여서 은하단 galaxy cluster을 형성하며, 여러 은하단은 다시 초은하단 supercluster을 형성한다. 우리 은하는 직경이 약 10만 광년이나 되고, 그 속에는 약 3,000억 개의 별들이 얇은 렌즈처럼 흩어져서 회전하는 거대한 나선형 은하이다. 우리 은하는 250만 광년 떨어진 안드로메다 은하와 함께 약 25개의 은하가 형성하는 국부 은하군에 소속되어 있으며, 그 크기는 약 326만 광년이다.

그림 4는 허블 망원경이 포착한 50억 광년 너머 먼 우주의 은하들을 보여주고 있다. 이 그림에 보이는 하얀 점들은 별이 아니라 은하이다. 큰 점들은 가까운 은하이고 작은 점들은 멀리 떨어진 은하이다. 너무 멀리 있기 때문에 거대한 은하들이 마치 작은 별처럼 보이는 것이다.

우주는 수많은 은하단과 초은하단으로 구성되어 있다. 또한 거대한 우주 공간 속에는 은하들이 전혀 없는 수많은 거대한 우주 공동 void과 은하단들이 띠처럼 길게 밀집되어 있는 수많은 은하 만리장성 wall이 존재하고 있다. 이러한 우주 공동과 은하 만리장성들은 그 크기가 수천만 광년에서 수십억 광년이나 된다. 빛의 속도보다

그림 4
허블 망원경이 포착한 50억 광년 너머의 먼 우주의 은하 집단
(Courtesy of NASA)

훨씬 느린 은하들이 움직여서 이러한 거대한 우주 공동이나 은하 만리장성을 만드는 것은 도저히 불가능하다. 어떻게 이렇게 거대한 구조가 우주 속에 형성되었는지는 아직 정확하게 알려져 있지 않다.

우주의 구조가 군대처럼 별-은하-은하군-은하단-초은하단으로 계층적으로 이루어져 있고, 은하들이 우주 전체에 안개처럼 균일하게 분포되어 있는 것이 아니라, 수많은 텅 빈 우주 공동과 그 주위로 은하 만리장성으로 분포되어 마치 그물망 또는 거미줄처럼 구성되어 있다는 것은 거대한 미스터리가 아닐 수 없다.

우주에서의 거리 측정

우주에서 수백만 광년에서 수십억 광년에 이르는 상상할 수 없는 먼 거리를 측정하는 것이 어떻게 가능할까?

태양 빛이 지구까지 오는 데 약 8분이 걸리고, 태양계의 끝까지 가는 데 약 6시간이 걸린다. 또 빛이 우리 은하계를 가로질러 가는 데에만 10만 년이 걸린다. 1광년은 빛이 초속 30만km의 속도로 1년 동안 달려가는 거리이다. 오늘날 우주선의 속도는 빛의 속도의 약 3만 분의 1에 불과하기 때문에 만약 우주선으로 우리 은하계를 가로질러 가려면 약 30억 년이 걸릴 것이다. 우리 은하계 하나의 크기가 이 정도이다.

지구에서 유일하게 육안으로 보이는 가장 가까운 안드로메다 은하는 실제로는 약 250만 광년이나 멀리 떨어져 있다. 빛이 지구까지 오는 데 250만 년이나 걸리기 때문에 우리가 보는 안드로메다는 250만 년 이전의 은하인 셈이다. 오늘날의 우주선으로 안드로메다까지 여행하려면 약 600억 년이나 걸릴 것이다. 공상과학소설이나 영화에 나오는 무슨 공간 이동 기술과 같은 혁신적인 여행 수단이 나오지 않는다면 사실 우주여행은 불가능하다.

우주에서의 거리 측정은 여러 가지 서로 다른 방법으로 상호 검증되고 있어서 매우 신뢰할 만하다. 거리 측정 방법은 십여 가지가 되지만 직접 측정법과 표준 광원법을 기본으로 한다.

지구로부터 몇 백 광년 이내의 별까지의 거리는 직접 측정법에 해당하는 삼각측량법, 즉 별의 연주 시차법을 사용하여 측정한다. 지구는 태양을 공전하는데, 여름과 겨울에 지구의 위치는 서로 태양의 반대편에 있으며 그 직선거리는 약 3억km가 된다. 따라서 여름과 겨울에 각각 가까운 별까지의 시선 각도를 측정하면, 삼각법에 의하여 거리를 알게 된다. 즉, 밑변의 길이를 알고 좌우 각도를 알면 삼각형의 꼭짓점의 위치를 알 수 있는 원리로 모든 측량의 가장 기본적인 거리 측정 방법이다. 베셀은 1838년에 최초로 연주시차를 사용하여 가까운 별의 거리를 측정하는 데 성공하였다.

우리 은하 내에서 너무 멀리 떨어져서 별의 연주시차가 너무 작아져 측정이 불가능한 경우 또는 우리 은하를 벗어나 수백만 광년 이상 떨어진 다른 은하까지의 거리는 연주시차법으로 측정이 불가능하다. 이런 경우는 표준 광원법의 하나인 세페이드 변광성을 이용한다.[2]

세페이드 변광성이란 별의 밝기가 주기적으로 변하는 별로 절대밝기와 주기가 상관되어 있다. 즉, 주기를 측정하면 그 별의 절대밝기를 알게 된다. 별의 절대밝기 또는 절대등급이란 별이 지구로부터 10pc**** 또는 32.6광년 거리에 있을 때의 밝기를 말한다. 일단 그 별의 절대밝기를 알면 망원경으로 그 별의 겉보기 밝기를 측정하여 간단하게 그 별까지의 거리를 정확하게 구할 수 있다. 이것은 마치 촛불의 절대밝기를 가까이에서 측정한 후, 그 촛불이 멀리 이동하였을 때 어두워지는 상대밝기를 측정함으로써 그 촛불까지의 거리를 정확하게 계산할 수 있는 것과 같은 원리이다.

세페이드 변광성을 이용하는 우주 거리 측정법이 매우 유용하지만, 커다란 망원경으로도 개개의 별을 구분할 수 없을 정도로 멀어지면 그 은하 속에서 세페이드 변광성을 구별할 수 없으므로 더 이상 이 방법을 사용할 수 없게 된다.

수억 광년 이상의 먼 거리는 초신성을 활용하여 거리를 측정한다. 별이 빛과 열을 내는 수소를 대부분 소진하고 나면, 중력의 힘

**** pc(파섹)은 우주에서 거리를 각도로 나타내는 단위로서 1pc은 3.26광년에 해당한다.

을 이길 열에너지가 부족하게 되어 급격한 수축, 즉 중력 수축이 발생하게 된다. 일단 별의 중력 수축이 일어나면, 별의 가장자리에 있던 물질들이 별의 중심을 향하여 매우 빠른 속도로 떨어지면서 별이 작아지게 되는데, 별의 중심에 다다르면 고온의 압축과 반발력으로 인하여 거대한 폭발을 일으키면서 엄청나게 밝아지는 것이 바로 초신성이다. 초신성은 평소 자신의 밝기의 1,000억 배나 되는 밝은 빛을 며칠 만에 우주 공간 속으로 뿌린 후에 어둠 속으로 사라져버린다. 거대 망원경으로 먼 우주를 관측하면 이러한 초신성이 많이 발견된다.

초신성 가운데 초신성 Ia형이란 종류는 최대 밝기가 모두 동일하기 때문에 이 별의 상대밝기만 측정하면 간단하게 그 별까지의 거리를 알 수 있다. 초신성 Ia형은 쌍성을 구성하는 별 가운데 하나가 폭발하면서 생기는데, 우주의 별의 거의 반이 쌍성으로 존재하기 때문에 다수의 초신성 Ia형이 발견되고 있다. 초신성은 밝기가 매우 밝기 때문에 세페이드 변광성과 달리 수십억 광년의 먼 거리까지 측정이 가능하다.

1998년, 펄머터, 슈밋, 리스는 멀리 떨어진 초신성 Ia형을 관측하다 우주가 가속 팽창한다는 놀라운 결과를 얻었는데, 이것을 발견한 공로로 2011년 노벨 물리학상을 수상했다.[3] 그때까지는 우주가 태초의 빅뱅 이후 확산되고 팽창하면서 팽창 속도가 서서히 느려져 왔을 것이라고 대부분의 과학자들이 생각했다. 문제는 우주가 가속 팽창을 지속하려면 엄청난 양의 에너지가 필요한데, 우주 속에는 이러한 에너지가 전혀 없다는 것이었다. 그래서 과학자들은 이 우주의 가속 팽창을 설명하기 위해 암흑 에너지 개념을 억지로 도입하였다. 제4장에서 다시 상세히 설명하겠지만, 암흑 에너지는 그 존재가 밝혀진 것이 아니라 단순히 우주의 가속 팽창을 설명하기 위한 가설적 에너지이다.

앞에서 설명한 대표적인 우주 거리 측정법 이외에도 십여 가지의 다른 측정법들이 있어서 가까운 거리부터 먼 거리까지 측정할 수 있는 '우주 거리 사다리'가 구성되어 있다. 이처럼 우주에서의 거리는 한 가지 방법으로 가까운 데부터 먼 거리까지 모두 측정할 수는 없으며, 각각의 거리 측정법을 바탕으로 조금씩 더 멀리 거리를 측정해간다.

빅뱅 이론의 탄생

1929년, 허블이 은하들이 서로 멀어져 간다는 사실을 발견하자 곧 사람들은 이것이 우주의 기원을 설명할 수 있을 것이라고 생각했다. 1931년에 가톨릭 사제이자 물리학자였던 르메트르가 아인슈타인의 일반 상대성 이론의 방정식을 풀어서 우주가 팽창함을 발견하고, 우주가 하나의 원초 물질에서 빅뱅을 일으켰을 것이라는 주장을 〈네이처Nature〉에 발표하였다.[4]

1948년, 러시아 출신의 물리학자 가모브Gamow는 르메트르의 이론을 발전시켜 원초 물질은 양성자, 중성자, 전자, 광자들이 초고온 고압으로 혼합된 아일럼ylem이며, 이것이 폭발하여 냉각하면서 서로 결합하여 수소, 헬륨 그리고 그 외의 많은 원자들을 만들어 내었다고 하였다. 가모브가 르메트르의 대폭발 이론을 수정하여 발표한 때에는 물질을 구성하는 기본 입자로 양성자, 중성자, 전자 정도만 알려져 있었으며, 양성자와 중성자를 구성하는 쿼크에 대해서는 전혀 알려지지 않았다. 따라서 그는 아일럼의 주요 성분으로 중성자까지만 넣었다.

그러나 가모브의 빅뱅 이론은 곧 영국의 저명한 천문학자 호일Hoyle에 의해서 헬륨보다 더 무거운 원자는 형성이 불가능하다는 사실이 밝혀지면서 한계에 부딪쳤다. 1915년에 태어나 2001년에 세상을 떠난 호일은 우주 창조는 과학의 영역이 아니라고 하면서 빅뱅 이론을 비난하였다. 그는 파울러Fowler, M. 버비지M. Burbidge, G. 버비지G. Burbidge와 함께 별의 중심에서 헬륨보다 무거운 원소의 중합에 대하여 선구적인 연구를 수행하였다.

그는 허블이 발견한 우주 팽창 사실을 인정하고, 1948년에 정상 상태 우주론Steady-state cosmology 또는 연속 창조 우주론Continuous Creation theory을 주창하였다. 정상 상태 우주론에 의하면, 우주는 영원히 팽창하지만 밀도가 낮아진 우주 공간에서 수소 원자가 저절로 발생하여 별과 은하를 형성하기 때문에 우주는 영원히 현재와 같은 모습이라는 것이다. 다시 말하면, 빅뱅과 같은 것은 아예 없었으며, 우주는 시작도 없고 끝도 없이 영원히 현재의 모습 그대로라고 주장하는 것이 바로 정상 상태 우주론의 요체이다. 호일의 정상 상태 우주론은 그 후 상당 기간 빅뱅 이론과 더불어 우주 기원론의 양대 축을 형성하였다.

호일의 정상 상태 우주론은 그리스의 우주관과 일맥상통한다. 그리스의 우주관에 의하면, 자연은 시작도 없고 끝도 없이 영원하며 신화에 나오는 신들도 우주 이후에 탄생하였고 우주보다 훨씬 작은 존재들이다. 이에 비해서 빅뱅 이론은 오래 전에 한 번의 빅뱅에 의해서 우주가 탄생하였으며, 점점 팽창하면서 냉각되어 별과 은하들이 형성되어 오늘에 이르렀다고 보기 때문에 직선적 역사관을 가지고 있는 기독교적 관점과 더 가깝다.

한동안 대폭발 이론과 경합하던 호일의 정상 상태 우주론은 1964년 윌슨Wilson이 우주배경복사의 존재를 발견하자 급격히 무너졌다. 정상 상태 우주론은 우주배경복사를 설명할 수 없었던 것이다. 우주배경복사란 실내의 한구석에 불을 피우면 그 열기가 방 전체로 골고루 퍼지듯이, 초고온 초고압의 우주 달걀 또는 아일럼이 대폭발을 일으킨 이후 우주가 지금까지 서서히 냉각되어 오면서 대폭발의 에너지 잔재가 우주 전체에 골고루 적외선 형태로 퍼져 있는 것을 말한다. 우주배경복사가 검출되자 대폭발 이론은 우주 기원에 관한 지배적 이론으로 자리 잡게 되었다.

그림 5에 나타난 것과 같이 모든 물질은 원자로 구성되고, 원자는 (+)의 전기를 띠는 원자핵과 그 주위를 도는 (−)의 전기를 띠는 전자로 구성된다. 다시 원자핵은 전기를 띠지 않는 중성자와 (+)의 전기를 띠는 양성자로 구성된다. 당시까지 물리학자들은 양성자와 중성자가 물질을 이루는 가장 작은 단위로 생각하였으나, 1964년에 물리학자 겔만Murray Gell-Mann이 이론적으로 쿼크quark의 존재 가능성을 발표하였다. 1968년 마침내 스탠퍼드 대학교 가속기 센터에서 쿼크를 검출하는 데 성공하자, 양성자와 중성자가 실제로는 더 작은 쿼크들로 구성되어 있다는 사실이 밝혀졌다. 쿼크는 조금씩 특성이 다른 여섯 종류의 쿼크들이 있는데, 이 가운데 3개가 모여 양성자 또는 중성자를 형성한다(부록 3 참조).

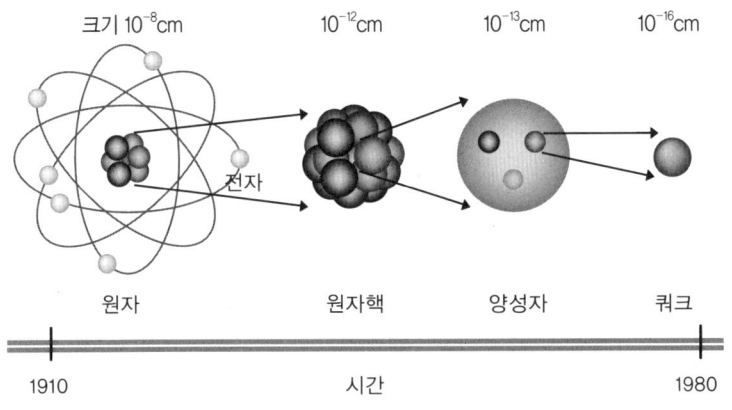

그림 5
원자의 구성 요소. 원자핵은 양성자와 중성자로 구성되고, 이들은 다시 쿼크로 구성된다.

노벨 물리학상을 받은 이론물리학자 와인버그Weinberg는 가모브의 대폭발 이론을 수정하여 1977년《태초의 3분간》이라는 책에서 쿼크를 포함하는 대폭발 이론을 발표하였고, 그는 자신의 이론을 우주 기원에 대한 '표준 모델'이라고 함으로써 자신감을 내보였다.[5] 이제 우주의 기원도 완전히 해결되어 가는 분위기가 무르익었다.

와인버그가 설명하는 빅뱅 직후 3분 동안 물질들이 형성되는 시나리오는 다음과 같다.

> 상대성 이론에 의하면 질량과 에너지는 상호 변환이 가능하다. 빅뱅 직후 우주에는 아직 원자핵을 구성하는 양성자와 중성자는 생겨나지 않았으며, 우주는 광자, 전자, 양전자, 중성미자, 쿼크로 이루어졌다.
> 빅뱅 이후 100분의 1초 정도 지나서 우주의 평균온도가

100억℃ 정도로 떨어지자 쿼크 3개가 서로 결합하여 양성자와 중성자들을 만들었다. 빅뱅 이후 10초쯤 지나서 이제 우주가 30억℃ 정도로 식었을 때, 전자와 양전자들은 1 대 1로 결합하면서 막대한 에너지를 방출하면서 사라지고, 우주에는 약간의 여분의 전자가 안정된 상태로 남게 되었다. 우주의 온도가 더 냉각되면, 이 여분의 전자들이 양성자와 결합하여 수소 원자를 만들게 된다.

빅뱅 이후 약 3분쯤 지나서 온도가 10억℃ 정도로 떨어지게 되자 드디어 양성자와 중성자들이 강한 핵력으로 결합해서 양성자 두 개와 중성자 두 개로 구성되는 안정된 헬륨-4의 원자핵을 만들었다.

비로소 수소와 헬륨 두 가지 원자핵이 우주 속에 존재하게 되고, 이들이 별과 은하를 구성하는 기본 요소가 되었다. 우주에 존재하는 100여 가지의 원소들은 모두 이 두 가지 원소로부터 발생한 것이다. 따라서 우주의 역사에서 최초의 3분간은 매우 중요한 의미를 갖는다. 이제 약 30분이 더 지나서 헬륨 원자핵이 만들어지는 과정이 끝났을 때는 수소 원자핵에 해당하는 양성자와 헬륨 원자핵의 비율은 약 73 대 27 정도가 되었다. 이 비율은 우주 속의 모든 은하들과 별들 속에서 관찰되는 비율이다.

태초의 3분이 지나고 수십만 년 동안 우주의 온도가 수천도까지 식을 때까지 우주의 구성 성분은 별다른 변화 없이 팽창을 계속하며, 이 기간은 태초의 3분간에 비하면 무척이나 길고 지루한 시간이라고 볼 수 있다. 이제 우주의 온도가 충분히 떨어지자 비로소 양성자와 전자가 결합해서 수소 원자를 형성하고, 헬륨 원자핵과 전자 2개가 결합해서 헬륨 원자를 만든다. 드디어 화학반응의 기본 단위인 원자들이 우주의 무대에 등장한 것이다. 수소 원자와 헬륨 원자는 우주를 구성하는 가장 기본 단위인 것이다.

와인버그의 이론은 여전히 초기 빅뱅 이론이 가지는 가장 커다란 문제들, 곧 다음 장에서 설명할 지평선 문제와 편평도 문제를 해결하지 못하는 우주론이었다.

와인버그의 표준 모델 우주론은 몇 년 지나서 1981년에 구스^{Guth}가 발표한 인플레이션 빅뱅 이론이나 최근의 다중 우주론과는 커다란 차이를 보인다. 최근의 빅뱅 이론은 우주가 진공의 한 점에서 발생하는 양자 요동으로부터 시작하였으며, 빅뱅 직후 10^{-32}초 만에 거대한 팽창, 즉 인플레이션을 일으켰다고 보고 있다. 이에 대해서는 제3장과 제4장에서 다시 상세히 설명한다.

---

1) Sidney van den Bergh, "The Curious Case Of LEMAIITRE'S Eq. No. 24"
2) B. Carroll and D. Ostlie, 《현대천체물리학》, Part III 은하와 우주, p.212, 청범출판사, 2009.
3) 이명균. "2001년 노벨물리학상: 슈퍼스타와 우주 가속팽창의 발견," 물리학과 첨단기술, pp. 2~8, 2011년 12월
4) G. Lemaltre, "The Beginning of the World from the Point of View of Quantum Theory", Nature 127, n.3210, p.706, 1931.
5) Steven Weinberg, *The First Three Minutes*, Bantam Books, 1977.

제3장
변화하는 빅뱅 이론

우리는 앞에서 현대 천문학과 빅뱅 이론의 탄생 과정을 다루었다. 이제부터 빅뱅 이론에 대해서 좀 더 깊이 다루고자 한다. 아직도 빅뱅 이론, 즉 대폭발 이론의 정확한 진실에 대해서 많은 사람들이 오해하고 있으며, 이해의 깊이 역시 아주 초보적인 단계에 머물러 있다. 빅뱅 이론에 대한 오해는 크게 다음과 같이 요약할 수 있다.

- 빅뱅 이론은 완전히 증명된 사실이다.
- 빅뱅 이론으로 별과 은하, 우주의 형성 및 구조를 잘 설명할 수 있다.
- 빅뱅 이론으로 행성의 탄생과 생명 진화를 설명할 수 있다.

그러나 이 장을 통해 알게 되겠지만, 이 세 가지 가운데 확인된 것은 하나도 없다. 오히려 빅뱅 이론은 태생부터 수많은 문제점을 안고 있으며, 물리학자와 천문학자들은 이 문제를 해결하기 위해서 계속 빅뱅 이론을 대폭 수정해 오고 있다는 사실이다. 생명 진화뿐 아니라 우주 진화와 같이 인간이 직접 관찰할 수 없는 매우 오래된 과거를 다루는 기원과학의 경우 이론이 흔들리면 그런 사건이 있었다는 근거가 뿌리부터 흔들릴 수밖에 없다. 최근에는 빅뱅 이론의 뿌리를 흔드는 중요한 천문학적 발견들도 속속 나타나고 있다.

초기 빅뱅 이론의 문제점

1929년 에드윈 허블이 은하들이 모두 지구로부터 멀어져 간다는 사실을 발견한 이후, 곧 이것은 우주 전체의 팽창이 그 원인일 것으로 간주되기 시작하였다. 르메트르의 초보적 빅뱅 이론과 가모브의 좀 더 다듬어진 빅뱅 이론이 무너지고 나서, 스티븐 와인버그가 제시한 표준 빅뱅 이론도 얼마 지나지 않아서 심각한 이론적 한계에 직면하게 되었다.

프레드 호일은 빅뱅은 헬륨 원자보다 더 무거운 원자를 발생할 수 없다는 것을 분명히 증명하였을 뿐 아니라, 수백억 년의 시간이 주어질지라도 우주의 지평선 문제와 편평도 문제를 해결할 수 없다는 것도 정확하게 인식하였다. 그는 빅뱅 이론을 반대하고, 정상 상태 우주론Steady-State Cosmology 또는 연속 창조 이론Continuous-Creation theory, 즉 CC 이론을 제안하였다.

CC 이론은 우주가 팽창하면서 생기는 빈 공간에 무로부터 수소 원자가 저절로 발생하여 별을 형성함으로써 우주는 시작도 끝도 없이 영원히 연속적으로 존재한다는 이론이다. 정상 상태 우주론에 의하면 우주의 나이는 무한대가 되므로 지평선 문제는 간단히 해결된다.

한동안 BB 이론으로 불리는 빅뱅 이론과 CC 이론으로 불리는 연속 창조 이론이 대등하게 지지를 받았다. 하지만 1964년 우주 전체 방향으로부터 골고루 오는 절대온도 2.7K에 해당하는 우주배경복사가 발견되면서 CC 이론은 신뢰를 잃고 BB 이론이 본격적으로 지지를 얻기에 이르렀다. 또한 CC 이론은 근본적으로 물리학의 제1법칙인 에너지보존법칙에 위배되며, 물질이 진공으로부터 저절로 발생한다는 어떠한 과학적 증거도 없기 때문에 더 지지를 얻지 못하였다.

CC 이론의 몰락과 함께 BB 이론은 더 많은 증거와 지지를 확보하기 시작하였다. BB 이론을 지지하는 4가지 중요한 증거는 다음과 같다.

첫째, 허블의 팽창하는 우주이다.

우주가 팽창하는 것은 관측적 사실이며, 이는 시간을 과거로 되돌려 보면 태초의 시작이 있었다는 의미로 받아들여진다. 최초의 출발은 무로부터의 엄청난 빅뱅으로부터 시작되었을 것으로 여겨진다.

둘째, 우주배경복사이다.

우주배경복사는 그 스펙트럼과 분포가 CC 이론과 전혀 맞지 않으며, 빅뱅 이론과 잘 일치한다. 과거 뜨거웠던 우주에서 방출되었던 열복사선은 우주가 팽창하면서 냉각되어 현재의 우주배경복사를 형성하였다고 여겨진다.

셋째, 원초 물질의 풍부성이다.

우주에 존재하는 헬륨-4, 헬륨-3, 중수소 D, 리튬-7 등과 수소의 비율이 BB 이론과 잘 일치한다.

넷째, 은하의 진화와 분포이다.

은하, 퀘이사, 은하단, 초은하단들의 형태와 분포가 BB 이론과 잘 일치한다.

이러한 중요한 과학적 증거들로 인하여 CC 이론은 몰락하였고, BB 이론은 우주 기원론에서 거의 절대적 지지를 얻게 되었다. BB 이론은 천문학적 연구비 지원에 힘입어 첨단 거대 망원경을 이용하여 많은 관측 데이터를 축적하기 시작하였다. 그런데 흥미로운 것은 BB 이론의 많은 문제점들도 동시에 나타나기 시작하였다는 사실이다. 그 가운데 가장 중요한 문제는 지평선 문제와 편평도 문제이다(부록 4 참조).

지평선 문제는 정보는 빛보다 더 빨리 전달될 수 없다는 특수 상대성 이론에서 발단되었다. 우주에서 가장 빠른 것은 빛이기 때문에 그 어떤 정보도 빛보다 더 빨리 전달될 수 없다는 것은 잘 알려져 있다. 우주의 물질들은 빛보다 훨씬 느리게 움직이기 때문에 수백억 광년 떨어진 우주의 서로 다른 영역은 물리적으로 완전히 고립되어 물질이나 에너지를 서로 교환할 수 없다. 따라서 온도나 우주배경복사 등이 서로 많이 달라야 할 것이다. 즉, 우주는 서로 반대편이나 멀리 떨어진 지역 사이에 상당한 불균일성을 보여야 한다. 실제로 우주의 별이나 은하들은 지구에서 볼 때 각도로 2도 정도의 범위 안에서만 영향을 미칠 수 있다고 알려져 있다. 이것을 '물질 지평선'이라고 한다.

지평선 문제는 실제 관측되는 우주가 이 물질 지평선을 넘어 서로 멀리 떨어진 지역들이 과거에 물질이나 에너지를 많이 교환한 것처럼 보인다는 것이다. 즉, 측정된 우주배경복사가 우주 전체에 걸쳐서 매우 균일하다는 것은 우주 전체가 매우 균일하다는 것이며, 이는 과거에 서로 물질이나 에너지를 많이 교환했다는 강력한 증거이다. 우주의 지평선은 우주 전체라는 사실이다.

이렇듯 매우 좁은 영역에 해당하는 물질의 지평선과 우주의 지평선을 어떻게 조화시킬 것인가? 이것은 빅뱅 이론의 가장 큰 문제 중의 하나이다.

또 다른 문제점은 1969년 디케Dicke가 지적한 편평도 문제Flatness problem 또는 미세 조정 문제이다. 일반 상대성 이론에 의하면, 우주 속의 물질에 의해서 발생하는 중력으로 우주 공간도 휘어지고 곡률을 가질 수 있다는 사실이다.

우주 공간은 그 평균밀도에 따라서 닫힌 우주, 열린 우주, 편평한 우주로 구분된다. 우주 속의 물질의 양이 기준보다 너무 많으면, 평균밀도가 올라가서 우주는 닫힌 우주가 된다. 닫힌 우주는 중력이 너무 강하여 우주 팽창이 늦어지다가 결국 중지하고 다시 수축하게 된다. 이에 비해서 우주 속의 물질의 양이 기준보다 너무 적으면, 평균밀도가 부족하여 우주는 열린 우주가 된다. 열린 우주는 지속적으로 팽창하여 희박해지고 결국은 암흑 속으로 완전히 사라지게 된다.

하지만 우주 속의 물질의 양이 기준과 동일하면, 평균밀도는 곧 임계밀도와 같아지게 되어 우주는 느리게 영원히 팽창할 것이며, 우주 공간의 곡률은 편평하게 될 것이다. 최근의 정밀한 관측에 의하면, 우주의 평균밀도는 거의 정확하게 임계밀도와 같다는 사실이 밝혀졌다.

편평도 문제는 빅뱅 초기에 우주의 평균밀도가 매우 정교하게 임계밀도 또는 기준밀도와 같도록 미세 조정되지 않으면 수백억 년의 시간이 지난 지금 오늘날과 같은 우주가 형성되는 것은 불가능하다는 것을 말해준다. 계산에 의하면, 그 미세 조정의 정밀도는 10의 62제곱 분의 1($1/10^{62}$)만큼 작다. 이 값은 우연에 의해서 주어지기에는 너무 작은 값이기 때문에 이를 설명하는 것은 매우 어렵다. 따라서 신적 창조 이외에는 설명하기 어렵다는 주장이 제기되었다.

인플레이션 빅뱅 이론

1981년, 매사추세츠 공과대학(MIT)의 구스Alan Guth는 이러한 문제를 해결하기 위하여 '인플레이션inflation'이라는 새로운 개념을 제안하였다.[1] 그림 6에 나타난 대로 초기 우주가 거의 하나의 점으로부터 빅뱅을 일으킬 때에 우주의 크기는 선형적으로 커진 것이 아니라는 것이다. 시간으로는 10의 32제곱 분의 1(10^{-32})초 만에, 크기로는 10의 26제곱(10^{26}) 배로, 부피로는 10의 78제곱(10^{78}) 배로 확장되는 '급팽창 시기'를 겪었다는 것이다. 이 팽창 비율은 채 1초도 안 되어 직경 1m의 구가 100억 광년 크기의 비율로 증가하는 것을 의미한다.

이 급팽창 기간에 우주의 물질들은 중력에 의하여 서로 당기는

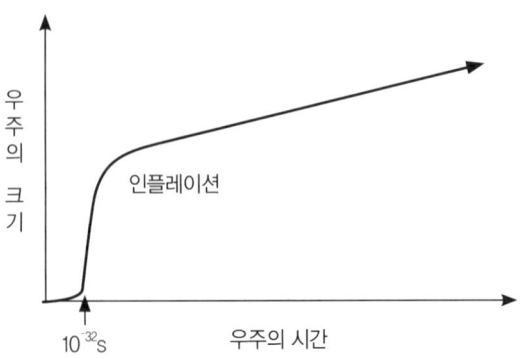

그림 6

인플레이션 빅뱅 이론. 창조 직후 크기가 10^{26}배의 급격한 팽창 시기(인플레이션)를 지난 후 다시 서서히 팽창하는 우주론 모델

것이 아니라 반중력이 작용하여 서로 배척하였으며, 우주의 온도는 일시적으로 10만 배 낮아졌다가(10^{27}K → 10^{22}K) 급격한 팽창, 즉 인플레이션이 끝나자 다시 원래의 온도로 회복되었다고 본다. 매우 짧은 시간에 급격한 팽창을 일으키는 동안에는 우주는 광속보다 훨씬 빠르게 팽창하게 되고, 우주의 에너지 밀도는 크게 낮아지게 된다. 또한 에너지 밀도의 불균일성은 급격하게 줄어들고, 우주 곡률 반경은 급격하게 확장되어서, 대칭적이면서 편평한 우주가 되어 오래됨의 문제와 지평선 문제가 해결된다.

여기서 우주가 팽창한다는 것의 의미는 우주의 공간 자체가 팽창하는 것이기 때문에 특수 상대성 이론에서 물체는 광속도보다 빠르게 움직일 수 없다는 이론과 모순되지 않는다. 즉, 특수 상대성 이론에서는 우주에서 빛보다 빠른 물체는 존재할 수 없다고 주장하지만, 인플레이션 빅뱅 이론에서는 물체의 속도가 아니라 우주 공간 그 자체가 팽창하는 것으로 보기 때문이다.

　인플레이션 빅뱅 이론은 커다란 인기와 지지를 얻으면서 그 후로 지금까지 30여 년에 걸쳐 우주론의 지배적 이론으로 자리 잡았다.

변하는 광속 이론

　그러나 로버트 뉴턴Robert Newton이 명쾌하게 지적한 바와 같이 인플레이션 이론 역시 지평선 문제를 완전하게 해결하는 데에는 실패한 것으로 보인다.[2] 그는 인플레이션 이론에도 불구하고 세부적인 문제들을 해결하기 위한 노력으로 여러 가지 서로 다른 모델들이 제시되었지만, 각각의 모델들은 여전히 해결되지 않은 많은 문제점들을 가지고 있음을 지적하였다.

　중요한 것은 인플레이션을 유발하는 물리적 메커니즘이 완전히 알려지지 않았을 뿐 아니라 대부분의 이론들이 가설에 머물고 있다는 사실이다. 더 중요한 것은 일단 시작된 인플레이션이 어떻게 꺼지고 정상 상태로 되돌아올 수 있었는지, 즉 '우아한 출구 문제graceful exit problem'에 대해서는 몇 가지 설명이 시도되었지만 아직 확실한 해답이 없다는 것이다. 예를 들어, 직경 1m의 작은 우주가 채 1초도 안 되어 100억 광년의 크기로 빛의 속도보다 수백억 배 빠르게 팽창하다가 어떻게 갑자기 순간적으로 거의 정지 상태로 바뀌었을까? 아직까지 아무도 이에 대한 명쾌한 해답을 내놓지 못하고 있다.

사실 구스가 1981년에 제안한 인플레이션 빅뱅 이론은 그 이론 체계에 심각한 문제가 있는 것이 발견되어 같은 해에 곧바로 린데Linde에 의해서 새 인플레이션 이론으로 대체되었고, 구스의 인플레이션 이론은 '낡은 인플레이션 이론'으로 불리게 되었다. 린데는 자신의 새 인플레이션 이론에도 문제가 있는 것을 발견하고, 2년 후 1983년에 혼돈 인플레이션 이론을 발표하였다. 혼돈 인플레이션 이론은 우주의 빅뱅이 한 번이 아니라 무한히 계속 발생한다고 보는 다중 우주론이다.

1989년에는 슈타인하르트Steinhardt가 확장 인플레이션 이론을 발표하여 우아한 출구 문제를 해결하려고 시도하였으나 이 이론도 관측 결과와 맞지 않는다는 사실이 밝혀졌다.

인플레이션 이론의 발전에 초기부터 많은 기여를 해온 알브레흐트Albrecht와 마구에이조Magueijo는 최근 인플레이션 이론의 문제를 지적하고, 하나의 대안 우주론으로 우주 초기 때 이후 지금까지 빛의 속도, 즉 광속이 서서히 변해왔다는 '변하는 광속 이론'을 발표하였다. 이는 지평선 문제, 편평도 문제, 우주 상수 문제 등 중요한 우주론적 문제들을 해결할 수 있다는 새로운 이론으로 저명 물리학 저널에 게재되었다.[3]

이 변하는 광속 이론은 대부분의 물리학자들에게 생소한 주장이었고, 아인슈타인의 특수 상대성 이론에서 빛의 속도는 일정하다고 가정하고 있기 때문에 별로 관심을 끌지 못하였다. 그러나 겨우 100년 정도밖에 안 되는 현대 과학의 짧은 역사 속에서 수십억 년 이상의 긴 시간에 걸쳐 발생하는 빛의 속도 변화를 알아내는 것은 매우 어렵기 때문에 이 이론을 부정하는 것도 결코 쉬운 일이 아니다.

한편, 크라그Kragh는 최근 많은 관심을 끌기 시작한 '변하는 광속 이론Varying Speed of Light, VSL'에 대하여 역사적인 측면에서 자세하게 종합적인 정리를 하였다.[4] 아인슈타인이 상대성 이론을 발표한 얼마 후인 1930년부터 이미 몇몇 물리학자들에 의하여 과거에 빛의 속도가 지금보다 더 빨랐을 가능성이 제기되었다. 그러나 본격적인 관심을 갖게 된 것은 20세기 들어서면서부터였다.

변하는 광속 이론에 의하면, 우주 초기에 빛의 속도는 지금보다 매우 빨랐을 가능성이 있으며, 이후에 지수 함수적으로 빛의 속도가 감소하여 왔다는 것이다.[5] 1987년 러시아 천체물리학자 트로이츠키Troitskii는 먼 은하들의 적색편이는 우주 팽창이 아니라 빛의 속도 감소 때문에 발생했을 가능성을 발표하였다.[6] 만약 적색편이가 우주 팽창 또는 은하의 후퇴에 의하여 발생하는 것이 아니라 빛의 속도 감소 때문이라면 이는 우주론 전체를 쓰레기통에 집어넣고 새로 써야 할 정도로 중요한 사건이 될 것이다.

흥미로운 것은 캐나다 물리학자 모팻Moffat이 1993년 처음 변하는 광속 이론을 제기했을 때에는 저명한 물리학 저널에서 게재 거부를 당하였고 좀 수준이 낮은 저널에 발표할 수밖에 없었다는 것이다.[7] 그러나 마구에이조는 뒤늦게 변하는 광속 이론을 훨씬 유명한 물리학 저널에 게재할 수 있었는데, 그 이유는 마구에이조가 빅뱅 이론으로 유명한 프린스턴 대학교의 폴 슈타인하르트 및 스탠퍼드 대학교의 안드레이 린데 등과 인플레이션 빅뱅 이론의 연구에 초기부터 많은 기여를 하였기 때문이다.[8]

구스의 낡은 인플레이션 이론을 발전시켜 인플레이션 빅뱅 이론의 발전에 많은 기여를 하였던 마구에이조, 알브레흐트, 슈타인하르트 같은 유명한 물리학자들이 인플레이션 이론을 포기하였다는 것은 주목할 만하다. 이와 같이 인플레이션 빅뱅 이론은 지난 30여 년간 주도적인 우주론 이론으로 많은 영향력을 행사하였지만, 여전히 많은 문제점을 지닌 하나의 제한적이고 가설적인 우주론을 벗어나기 어려운 것으로 보인다.

진동 우주론

구스의 낡은 인플레이션 빅뱅 이론은 일회적 빅뱅과 일회적 우주의 팽창, 그리고 우주의 종말이라는 직선적 우주 역사관을 내포하였다. 최초로 빅뱅 이론을 제안한 르메트르를 비롯하여 많은 과학자들이 빅뱅 이론을 신에 의한 우주의 창조라는 개념과 연결시키기 시작하였으며, 우주의 미세 조정과 결합하여 빅뱅 현상이 신에 의해서 설계되고 의도된 창조의 과정이라고 해석하였다. 로마 가톨릭에서는 빅뱅 이론이 성경과 모순되지 않는다고 발표하기도 하였다.

이러한 해석에 반발한 일부 자연주의 과학자들은 진동 우주론 Oscillating Universe Theory을 제안하였다. 이 이론은 우주의 밀도가 임계밀도보다 더 크기 때문에 우주는 팽창하다가 정지하고 다시 수축하여 빅뱅 이전의 상태로 되돌아가는 '대수축'을 일으키며, 이 대수축은 곧바로 다시 빅뱅을 발생시킨다는 순환론적 우주관이다. 이 이론에 의하면 우주는 수많은 빅뱅과 대수축을 반복하면서 영원히 존재하며, 시작도 없고 끝도 없다. 그러나 최근 초신성을 이용한 먼 은하까지의 정밀한 거리 관측으로 우주의 팽창 속도는 느려지거나 줄어드는 것이 아니라 오히려 가속도를 가지고 점점 더 빨라지고 있는 것이 입증되어 진동 우주론은 그 근거가 완전히 사라졌다.

다중 우주론 – 우주는 물거품인가?

르메트르의 초기 빅뱅 이론, 가모브의 아일럼 빅뱅 이론, 와인버그의 표준 빅뱅 이론, 구스의 낡은 인플레이션 빅뱅 이론은 모두 단 한 번의 빅뱅에 의해서 일회적으로 하나의 우주가 생겨났다는 것이다. 따라서 우주는 점점 팽창해서 종국에는 깜깜한 열적 죽음 속으로 들어가게 되고 영원히 사라지고 말 것이라는 생각이 지배적이다. 다시 말해, 우주의 역사는 일회적 창조 이후에 우주의 끝없는 팽창, 그리고 우주의 모든 열과 빛이 모두 사라져서 암흑으로 끝나는 일종의 종말적 시나리오이며, 이는 곧 직선적 우주 역사관이다. 휴 로스Hugh Ross를 비롯한 다수의 기독교인 철학자와 천문학자들은 빅뱅 이론은 성경적 역사관과 일치하며, 하나님은 빅뱅을 이용하여 우주를 창조하였다고 주장하였다.[9]

이러한 기독교적 배경을 갖는 우주의 직선적 역사관을 좋아하지 않는 일부 자연주의 과학자들이 다중 우주론을 고안하였다. 1983년 스탠퍼드 대학교의 린데 박사는 구스의 인플레이션 빅뱅 이론의 문제점을 발견하고 수정하여 '혼돈 인플레이션 이론'을 제안하였다.[10] 혼돈 인플레이션 이론에 의하면, 빅뱅은 일회적이 아니며 우주의 도처에서 불규칙적으로 수없이 자연 발생하는 과정들이라는 것이다. 마치 폭포수 밑에서 수많은 거품들이 불규칙적으로 발생하였다가 사라지듯이, 우주도 수없이 탄생하고 사라진다는 것이다. 각각의 우주의 크기와 수명도 다르고, 심지어 그 속의 자연법칙도 서로 다를 수 있다고 본 것이다.

이런 우주론을 '혼돈 우주론' 또는 '다중 우주론 multiverse theory'이라고 한다. 우리가 살고 있는 우주는 수천조 개의 다중 우주들 가운데 매우 운이 좋아서 생명체가 진화할 수 있는 우주의 하나일 뿐이며, 특별한 의미를 가지고 있다고 보지 않는다. 다중 우주론자들은 대부분의 우주는 그 환경 조건이 나빠서 생명체가 존재할 수 없지만, 극히 낮은 확률이라도 몇몇 우주는 생명체가 진화할 조건을 갖출 수 있다고 주장한다.

최근 인플레이션 빅뱅 이론을 최초로 제안하였던 구스 교수도 혼돈 우주론을 지지하였다. 그는 빅뱅은 일단 시작하면 계속적으로 연속해서 빅뱅이 발생할 수 있다는 '영원한 인플레이션' 이론을 주장하였다. 즉, 일단 최초의 빅뱅 인플레이션이 발생하면 그 이후는 지속적으로 수많은 인플레이션이 발생하여 다중 우주를 형성한다는 것이다. 즉, 구스는 린데의 주장에 동의한 셈이다.

다중 우주론의 문제와 의미

구스와 린데는 그들이 세운 이론적 모델에 따라 '영원한 인플레이션' 또는 '다중 우주론'을 주장하고 있다. 하지만 물리학의 상식으로 볼 때 우주가 거품처럼 수없이 발생한다는 것이 가능할까? 기본적으로 별 하나가 방출하는 에너지도 엄청나고 우주 전체가 가지는 에너지는 상상을 초월하는데, 이러한 거대한 에너지와 크기를 갖는 우주들이 무無로부터 물거품처럼 마구 발생하는 것이 가능할까? 무엇인가 큰 문제를 내포하고 있음이 틀림없다. 그 오류의 근본을 살펴보자.

빅뱅 이론에 대한 가장 큰 의문은 무엇이 '빅뱅'을 일으켰으며, 우주의 그 엄청난 물질과 에너지는 어디에서 왔는가 하는 것이다. 유신론적 우주론자들은 빅뱅이 하나님으로부터 초자연적 과정을 통해서 왔다고 주장하지만, 대부분의 빅뱅 이론가들은 철저하게 물질적 과정만 신뢰한다.

빅뱅 이론가들은 빅뱅이 '스칼라 필드scalar field' 또는 '인플라톤inflaton'이라는 것으로부터 시작한다고 본다. 즉, 태초에 인플라톤이 있었다는 것이다. 마치 물이 물방울을 만들어 내듯이, 스칼라 필드는 우주라는 거품을 수없이 만들어 낸다고 본 것이다.

그러면 다시 스칼라 필드 또는 인플라톤은 무엇이며, 그것은 어디에서 왔는가라는 질문이 여전히 남게 된다. 그들은 스칼라 필드가 영원히 존재하는 창조의 근원이며, 우리가 알고 있는 물리학의 법칙들을 만들어 낼 수 있는 그러한 일종의 신과 같은 역할을 하는 물질이라고 믿고 있다.

위키피디아Wikipedia 백과사전에서는 인플라톤에 대해서 '가설적인 인플레이션과 관계있는 가설적이고 미확인된 스칼라 필드의 일반적 이름'이라고 설명하고 있다. 이 말을 알기 쉽게 다시 써보면 인플라톤은 '가설적인 … 가설적이고 … 미확인된 …' 그 무엇이라

는 것이다.[11]

스칼라 필드는 무한의 에너지와 물질을 영원히 발생할 수 있다고 보기 때문에 빅뱅을 신뢰하는 사람들에게 에너지와 물질의 보존 법칙이나 우주의 크기는 아무런 문제가 되지 않는다. 그저 스칼라 필드 또는 인플라톤만 있으면 수천조 개의 은하로 구성되는 우리 우주 같은 것조차도 손쉽게 수천억 개 만들 수 있다고 믿는다. 즉, 구스의 낡은 인플레이션 빅뱅 이론이나 린데의 혼돈 인플레이션 빅뱅 이론은 수학적 체계와 논리 구조가 중요할 뿐, 우주의 엄청난 에너지와 물질이 어디로부터 공급되는지에 대해서는 아무런 문제도 삼고 있지 않다.

여기서 인플레이션 이론 속에는 커다란 자체 모순과 논리의 비약이 숨어 있다는 것을 알 수 있다. 인플레이션주의자들은 과학적 근거가 전혀 없음에도 불구하고 무한의 에너지와 물질을 공급할 수 있는 가설적 스칼라 필드라는 거의 무소불위의 공급자를 전제하고, 그것으로부터 자신들이 필요로 하는 모든 이론을 이끌어 내고 있다. 또 그들은 스칼라필드는 무한히 높은 에너지를 가지고 있었는데, 양자적 요동에 의하여 위상천이를 일으켜서 인플레이션이 발생하였다고 설명한다. 즉, 스칼라필드 또는 인플라톤은 우주를 창조할 만한 에너지를 가지고 있었다고 가정한다.

빅뱅은 무로부터의 창조가 아니라 이미 존재하고 있었던 에너지로부터 출발하였다는 것이기 때문에 궁극적인 우주의 기원을 설명할 수 없다. 결국 인플라톤의 물리적 특성과 처음부터 주어지는 에너지는 어떻게 존재하게 되었느냐는 근본적인 질문은 과학의 범위를 넘어서기 때문에 대답할 수 없다. 그렇지만 이런 가장 기본적이고 중요한 질문 속에 가장 중요한 진실이 숨어 있다. 이 질문에 대답을 할 수가 없다면 결국 인플레이션 빅뱅 이론 그 자체가 증명될 수 없는 하나의 가설에 불과하다는 것이 자명해지기 때문이다.

스칼라 필드 문제뿐 아니라 또 생각하여야 할 것은 다중 우주론을 검증할 어떠한 과학적 방법도 존재하지 않는다는 사실이다. 《엘리건트 유니버스》의 저자이자 초끈 이론의 전문가인 브라이언 그린Brian Greene은 다중 우주론에 대해서 다음과 같이 말하였다.

> 다중 우주론의 진위 여부를 판별하는 것은 우리 인간의 능력으로는 거의 불가능하며, 가능하다 해도 상상을 초월할 정도로 어려운 문제일 것이다.[12]

서로 다른 우주 사이에는 물질이나 에너지뿐 아니라 빛조차도 절대로 건너갈 수 없기 때문에 다른 우주의 존재 여부를 검증할 방법이 없다. 즉, 인플레이션 빅뱅 이론은 그 시작을 검증할 수 없고, 그 결과 발생하는 다중 우주도 검증할 방법이 없기 때문에 과학 이론이라기보다는 하나의 자연주의 철학으로 볼 수 있을 것이다.

그럼에도 불구하고 스티븐 호킹은 그의 저서 《위대한 설계》에서 다음과 같이 주장하면서 에너지와 물질의 자연발생을 주장하고 있다.

> 별이나 블랙홀 따위의 물체들은 무로부터 그냥 생겨날 수 없다. 그러나 전체 우주는 그럴 수 있다.[13]

도대체 어떤 근거로 전체 우주에 비해서 매우 작은 에너지를 갖는 작은 별과 같은 것은 저절로 발생하는 것이 불가능하다고 하면서도, 훨씬 큰 에너지와 수많은 별과 은하로 가득 찬 우주는 저절로 발생할 수 있다고 주장할 수 있을까? 실제로 그는 이 주장에 대해서 아무런 논리적 근거를 제시하지 못하고 있다.

다중 우주론에 대해서 간단하게 비평하자면 다음과 같이 요약할 수 있을 것이다.

- 여전히 신념적·가설적 단계이다.
- 우리의 우주가 우연히 발생할 가능성에 대해서 제로zero의 확률을 믿는 자연주의이다.
- 무엇이든 만들어 낼 수 있는 마법 이론이다.
- 증명할 방법도 없고, 반증할 방법도 없는 이론이다.
- 지금까지 잘 알려진 물리학의 법칙과 위배된다.

최근 처음부터 인플레이션 우주론 연구에 많이 기여하였고, 프린스턴 대학교의 알버트 아인슈타인 과학 교수를 지낸 폴 슈타인하르트는 미국 대중 과학지 〈사이언티픽 어메리컨 Scientific American〉에 기고한 글에서 인플레이션 이론의 중요한 문제를 3가지로 요약하였다.[14]

첫째, 인플레이션이 오늘의 우주와 같은 거대 구조를 만들 확률은 극히 낮다. 대부분의 인플레이션은 우리의 우주와 같은 우주를 발생할 조건을 만족시키지 못하는 나쁜 인플레이션으로 끝나버리게 될 것이다.

둘째, 그동안 인플레이션은 초기 조건과 관계없이 발생할 것이라고 여겨졌다. 그러나 더욱 정밀한 분석에 의하면 극히 낮은 확률을 갖는 초기 상태만이 오늘의 균일하고 편평한 우주로 발생할 수 있다.

셋째, 인플레이션은 관측 자료로 확증되는 정확한 예측을 할 수 있다고 알려졌다. 그러나 일단 인플레이션이 한 번 시작되고 나면, 무한한 거품 우주가 지속적으로 발생하고 자란다. 우리 우주는 이러한 거품 우주 중의 하나라고 볼 수 있는데, 사실 무한히 다양한 성질을 가진 무한한 거품 우주가 발생한다. 우리 우주는 매우 운이 좋은 거품 우주에 해당하는 것이다. 우리 우주가 아무리 정교하고 우연히 존재할 확률이 낮아도 무한히 발생하는 거품 우주 가운데 하나 둘 정도는 우리 우주와 같은 것을 만들어 낼 수 있다는 이론이다. 객관적으로 볼 때, 이런 이론은 과학 이론이라고 할 수 없다. 무한대의 가능성을 놓고 답을 찾는 것은 어떤 문제든 풀 수 있다는 뜻이다. 즉, 모든 것을 예측하는 이론은 아무것도 예측하지 못하는 것과 같다.

인플레이션 이론에 가장 정통한 슈타인하르트 교수는 이제 빅뱅 이론은 폐기되거나 대수술을 받아야 할 만큼 많은 자기 모순에 직면해 있음을 잘 지적하였다. 2002년 슈타인하르트는 빅뱅 이론을 포기하고 〈사이언스Science〉지에 초끈 이론에 근거한 전혀 새로운 주기적 우주 모델을 제시하였다.[15]

주기적 우주론

폴 슈타인하르트는 인플레이션 빅뱅 이론을 30년 동안 깊이 연구하여 온 이 분야 세계 최고의 전문가이다. 그는 인플레이션 빅뱅 이론의 종착역이 다중 우주론임을 확인하자 과감하게 인플레이션 이론을 포기하고 새로운 주기적 우주론을 제창하였다.

　슈타인하르트의 주기적 우주론은 최근 많은 주목을 받고 있는 초끈 이론의 막 이론brane theory에 근거한 것이다. 지구의 표면이 3차원 지구의 2차원 막이듯이, 우리가 살고 있는 공간 3차원의 우주는 공간 4차원(시공 5차원) 우주의 막이라고 본다. 만약 공간 4차원에서 살고 있는 어떤 존재―천사일 수도 있다―가 바라볼 때 우리의 우주는 하나의 막으로 나타나고, 인간들은 모두 공간 3차원 막에 갇혀 있는 것으로 보일 것이다.

　주기적 우주론은 4차원 공간 속에서 무한히 펼쳐 있는 두 개의 공간 3차원 막이 서로 접근하여 충돌할 때 그 충돌 에너지로 우주가 발생하고, 멀어진 두 개의 막이 왔다갔다 하면서 주기적으로 충돌하여 대폭발이 발생하고 우주가 진화한다는 내용을 담고 있다. 아직 초끈 이론이 검증되지 않았고, 앞으로도 검증될 가능성이 별로 없는 상황 속에서 제기된 주기적으로 충돌하는 막에 의해서 우주가 주기적으로 발생한다는 주기적 우주론도 검증될 수 없는 가설일 뿐이다.

　한편, 세계적 수리 물리학자이자 상대성 이론과 우주론의 전문가로서 1988년 스티븐 호킹과 함께 울프 상Wolf prize을 받은 캠브리지 대학교의 로저 펜로즈Roger Penrose는 자기 나름의 블랙홀을 통한 주기적 우주론을 제창하였다. 펜로즈의 블랙홀 주기 우주론은 우리 우주 이전에 또 다른 우주가 있었으며, 이 우주가 블랙홀 속으로 붕괴하여 다시 태어난 우주가 바로 우리 우주라는 것이다. 우리의 우주도 앞으로 무한한 시간이 흐른 후에 블랙홀로 붕괴하게 되고, 다시 또 다른 우주가 붕괴된 블랙홀로부터 나타나서 우주는 영원히 주기적으로 출현한다는 가설이다.

현재로서는 초끈 이론의 막 이론도 완성되거나 검증되지 않았고, 우주가 블랙홀로 붕괴할 것인지 그리고 붕괴된 블랙홀에서 다시 우주가 나타날 수 있는지 검증된 것은 전혀 없다. 즉, 슈타인하르트의 막 이론 주기 우주론이나 펜로즈의 블랙홀 주기 우주론이나 모두 가설의 범주를 벗어나기 어렵다.

만약 인플레이션 빅뱅 이론이 모순 없이 우주의 기원을 설명하였다면 슈타인하르트나 펜로즈의 주기적 우주론은 나타나지 않았을 것이다. 이들은 인플레이션 빅뱅 이론의 모순과 한계를 알았기 때문에 대안 우주론으로 주기적 우주론을 제창한 것이다.

뉴턴의 정적 우주론부터 인플레이션 빅뱅 이론을 거쳐 다중 우주론과 주기적 우주론까지 이 장에서 설명한 여러 우주 기원론을 그림 7에 정리해보았다.

르메트르가 1931년 초기 빅뱅 이론을 제창하고 난 이후 1964년 빅뱅 이론이 정상 상태 우주론을 넘어서서 주도적 우주론으로 자리 잡은 지 거의 100년 가까운 시간이 흘렀다. 그런데 우주론은 더 확실한 증거와 견고한 이론 체계를 갖추어 가는 것이 아니라, 오히려 과학적으로 검증할 수 없는 다중 우주론과 주기적 우주론을 비롯하여 변하는 광속 이론에 이르기까지 춘추전국시대와 같은 혼돈 시대를 맞이하고 있다.

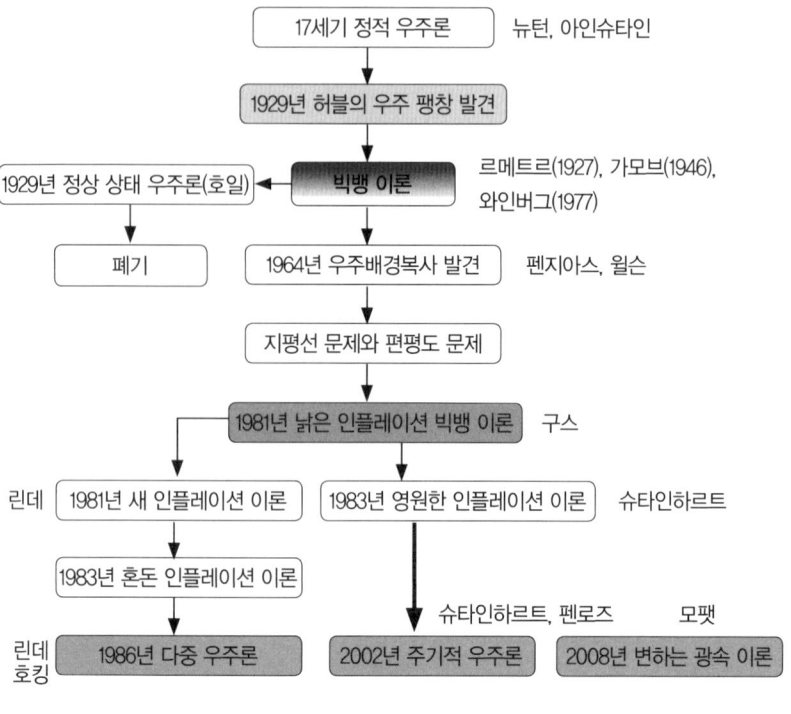

그림 7

우주론의 역사

1) A. Guth, Phys. Rev. D23, 347, 1981.
2) R. Newton, "Light-Travel Time: A Problem for the Big Bang", Answersingenesis.org, 2013.
3) A. Albrecht and J. Magueijo, "Time Varying Speed of Light as a Solution to Cosmological Puzzles," Phys. Rev. D, Vol. 59, 043516, 1999.
4) H. Kragh, "Cosmologies with Varying Speed of Light: a Historical Perspective," Modern Physics vol. 37, pp.726~737, 2006.
5) S. Bellert, "Does the Speed of Light Decrease with Time?," Astrophysics and Space Science, 47, pp.263~276, 1977.
6) V. S. Troitskii, "Physical Constants and the Evolution of the Universe," Astrophysics and Space Science, p.139, 1987.
7) J. W. Moffat, "Superluminary Universe: A Possible Solution to the Initial Value Problem in Cosmology," International Journal of Modern Physics D, 2, pp.351~365, 1993.
8) J. Magueijo, *Faster Than the Speed of Light. The Story of a Scientific Speculation*, London, Arrow Books, 2004.
9) W. L. Craig, *Theism, Atheism, and Big Bang Cosmology*, Clarendon, 2003.
10) A. D. Linde, Phys. Lett. 129B, p.177, 1983.
11) en.wikipedia.org, "Inflaton"
12) 브라이언 그린,《엘리건트 유니버스》, 승산, p.519, 2002.
13) 스티븐 호킹 저, 전대호 역,《위대한 설계》, 까치, 2010.
14) Paul Steinhardt, "The Inflation Debate", Scientific American, April 2011.
15) Paul Steinhardt, "A Cyclic Model of the Universe," Science Vol. 296, pp.1436~1439, 2002.

제4장
빅뱅 이론의 문제점들

앞 장에서 우리는 빅뱅 이론이 르메트르와 가모브의 초기 빅뱅 이론으로부터 시작해서 와인버그의 표준 빅뱅 이론, 알란 구스의 낡은 인플레이션 빅뱅 이론, 린데의 혼돈 빅뱅 이론을 거쳐서 현재에는 다중 우주론과 주기적 우주론으로 변화하고 있음을 보았다.

최근에는 빅뱅 이론 초기부터 많은 기여를 하였던 폴 슈타인하르트나 마구에이조 같은 저명 물리학자들도 인플레이션 빅뱅 이론을 버리고 다른 이론에 관심을 기울이고 있다. 즉, 폴 슈타인하르트는 '초끈 이론'에 관심을 가지고 이를 이용하여 우주의 기원을 설명하려고 시도하고 있으며, 마구에이조는 '변하는 광속 이론'을 이용하여 우주론의 난제들을 해결하려고 시도하고 있다.

우주 기원론은 대표격인 인플레이션 빅뱅 이론은 물론이고 진동 우주론, 플라즈마 우주론, 초끈 이론에 의한 주기적 우주론 등 모두가 아직까지 현재 진행형으로 다양하게 변화하고 있으며, 여러 이론 체계가 난립하여 혼돈 속에 빠져 있다.

작동과학과 기원과학

중력과 같이 현재 관찰되는 자연현상을 설명하는 이론을 찾고 증명하는 과학을 작동과학operation science이라고 한다. 자연현상 그 자체는 항상 관측 가능하기 때문에 그것을 설명하는 올바른 이론을 찾는 것이 작동과학의 최종 목적이다. 뉴턴이 만유인력의 법칙을 발견하기 이전에도 사과는 항상 떨어졌으며, 다만 뉴턴이 최초로 만유인력의 수학 공식을 발견하였을 뿐이다. 작동과학에서는 여러 이론이 제시되어도 실험 결과와 비교해보면 금방 그 이론의 진위 여부를 파악할 수 있다.

이에 비해서 과거 발생하였다가 현재는 사라지고 없는 자연현상을 연구하는 과학을 기원과학origin science이라고 한다. 기원과학은 과거에 일회적으로 발생한 사건의 희미한 흔적 속에 들어 있는 몇 가지 단서들을 이용하여 과거를 재구성하기 때문에 작동과학과는 그 연구 방법이 크게 다르다. 기원과학이 어려운 이유는 그 이론을 검증할 방법이 어렵기 때문이다. 여러 다른 이론이 동일한 과거를 설명하는 경우도 자주 발생하는데, 어느 이론이 올바른 이론인지 검증하기가 쉽지 않다.

기원과학이 작동과학과 가장 크게 차이가 나는 부분은 기원과학의 경우 이론이 달라지면 과거가 달라진다는 점이다. 우주가 과거에 어떻게 존재였는지를 연구하는 우주 기원론은 이론 의존성이 너무 크기 때문에 이론이 바뀌면 과거를 확신할 수 없게 된다.

예를 들어, 정상 상태 우주론과 빅뱅 이론이 맞섰을 때, 어느 이론에 손을 들어주느냐에 따라서 구성되는 우주의 과거는 완전히 달라지게 된다. 현재는 빅뱅 이론이 정상 상태 우주론을 밀쳐내고 그에 근거하여 우주의 과거가 그려지고 있다. 하지만 최근 빅뱅 이론 자체에 많은 문제점이 발견되고 있어 그에 따라 다른 우주론이 제안되고 있다. 이것은 아직 우주의 기원에 대한 정답을 확신할 수 없다는 것을 의미한다. 같은 인플레이션 빅뱅 이론이라도 일회성 빅뱅을 지지하는 낡은 인플레이션 이론과 다중 우주론은 서로 완전히 다른 우주의 모습을 그려낸다.

앞으로 다른 우주 기원론이 빅뱅 이론을 밀쳐낸다면 빅뱅 이론이 그려온 우주의 과거는 완전히 바뀌어버릴 것이다. 따라서 우리는 우주의 과거와 우주 기원론에 대하여 열린 자세를 가지고, 발견되는 데이터를 신중히 검토하면서 섣불리 최종 결론을 내리는 우를 범하지 말아야 한다.

암흑 물질

현대 천문학의 가장 큰 숙제는 암흑 물질dark matter과 암흑 에너지 dark energy라고 할 수 있다. 여러 가지 측정과 분석 결과에 따르면 암흑 물질의 존재는 거의 분명한 것으로 보인다. 위키피디아 인터넷 백과사전에서는 암흑 물질을 다음과 같이 설명하고 있다.

> 천문학과 우주론에서 암흑 물질은 우주 전체의 상당한 부분을 차지하는 것으로 생각되는 가설적 물질의 한 종류이다. 암흑 물질은 망원경으로 볼 수 없고, 빛을 방출하거나 흡수하

지 않는다. 대신 그것의 존재와 성질은 보이는 물질, 빛 그리고 우주의 대규모 구조에 미치는 중력적 영향을 통해서 추론된다. 암흑 물질은 우주 물질의 84%를 구성하며, 전체 우주 에너지 밀도의 23%(나머지는 대부분 암흑 에너지)를 차지할 것으로 추정된다.[1]

간단하게 요약하자면, 암흑 물질은 빛으로는 절대로 관측이 되지 않으며, 오직 중력으로만 그 존재의 영향력을 나타낸다는 것이다. 이미 오래전인 1932년 오르트Oort가 은하계 내에서 별들의 궤도 속도를 설명하기 위한 가설로 암흑 물질의 존재를 제안하였으며, 은하단 내에서 은하의 운동, 은하의 회전 속도, 중력 렌즈 효과 등 수많은 관측으로 그 존재 가능성이 확인되었다. 그럼에도 불구하고 아직까지도 암흑 물질의 정체는 여전히 알려지지 않고 있다. 최근 입자물리학의 가장 큰 이슈 중의 하나가 바로 암흑 물질의 정체를 밝히는 것이다.

그림 8은 은하 내에서 별들이 은하의 중심을 공전하는 궤도 속

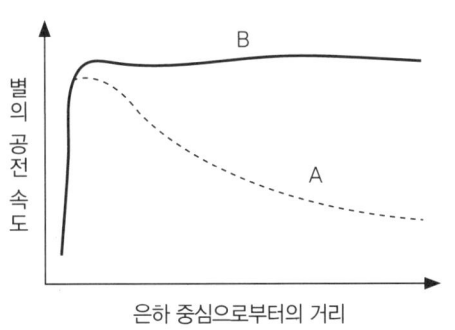

그림 8

은하계 내에서 중심으로부터 거리에 따른 별들의 공전 속도. A는 이론적 커브이고 B는 관측적 커브이다. 거리가 멀어질수록 이론과 실제 사이에 커다란 괴리가 나타난다.

도를 은하 중심으로부터의 거리에 대한 함수로 나타낸 것이다. 중심부 근처에서는 이론(A)과 관측(B)이 상당히 정확하게 일치하지만, 바깥으로 나갈수록 그 격차는 매우 커져서 이론에 심각한 문제가 있다는 것을 알 수 있다. 이러한 괴리는 은하의 주위가 암흑 물질로 싸여 있다는 가정을 함으로써 간단히 해결된다. 분석에 따르면, 우주에서 암흑 물질의 양이 일반 물질보다 다섯 배가량 더 많은 것으로 알려졌다. 즉, 은하의 대부분은 그 정체를 알 수 없는 암흑 물질로 가득 차 있다는 결론이다.

가속 팽창하는 우주와 암흑 에너지

2011년도 노벨 물리학상은 우주의 가속 팽창을 발견한 미국의 펄머터Perlmutter와 리스Riess, 오스트레일리아의 슈미트Schmidt에게 주어졌다. 그들의 공로는 제Ia형 초신성을 이용하여 그 이전까지는 거리 측정이 불가능하였던 수십억 광년 떨어진 은하의 후퇴 속도를 측정하여 우주의 팽창이 점차 느려지는 것이 아니라 오히려 점점 빨라지고 있다는 것을 증명한 것이었다.

상식적으로 돌을 위로 던지면 올라가면서 점점 느려지다가 정지한 후 다시 떨어질 것이다. 돌을 지구 탈출 속도 이상으로 빠르게 던지면 다시 지구로 돌아오지는 않더라도 지구로부터 멀어질수록 점점 느려질 것이다. 마찬가지로, 태초에 빅뱅 에너지로 인하여 엄청난 속도로 팽창하던 우주는 크기가 점점 커질수록 냉각되면서 팽창 속도는 점점 느려질 것이다.

진동 우주론자들은 우주의 팽창이 정지한 후 다시 수축을 일으켜서 대수축 단계로 되돌아가서 다시 빅뱅을 반복할 것이라고 주장하였다. 대부분의 우주론자들은 대수축으로 되돌아가지는 않고 우주 팽창 속도가 점점 느려질 것이라고 생각하였다.

하지만 펄머터 등은 우주의 팽창이 점점 느려지는 것이 아니라 반대로 점점 더 빨라진다는 것을 발견하였고, 노벨상 위원회는 신속하게 그들의 공로를 인정하였다. 그림 9는 지금까지 알려져 온 표준 우주론과 가속 팽창 우주론을 비교한 것이다. 가속 팽창 우주론에 의해 최근 우주의 크기가 더 급격하게 커지고 있음을 나타내고 있다.

우주 팽창이 가속되고 있다는 사실은 아주 어려운 딜레마를 만들어 냈다. 거대한 우주가 가속도를 가지고 점점 더 빨리 팽창하려면 엄청난 에너지가 필요한데, 우주 팽창 에너지는 이미 138억 년

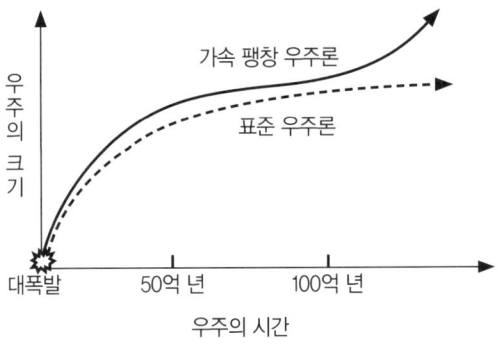

그림 9
표준 우주론과 가속 팽창 우주론의 비교. 가속 팽창 우주론에 따르면 시간이 흐를수록 우주의 크기가 점점 더 빨리 팽창한다.

이전 빅뱅 초기에 다 써버렸다. 현재의 우주 온도는 영하 270.3℃ 또는 절대온도 2.7K까지 냉각되어버렸으며, 더 이상 팽창의 에너지가 남아 있지 않다.

마치 위로 던진 돌이 일단 손을 떠나서도 저절로 점점 더 빨라지면서 올라간다면 어떻게 믿을 수 있겠는가? 우주는 마치 꼭짓점에 도달한 돌멩이처럼 이미 힘을 다 잃어버린 상태라고 생각되었는데, 스스로 점점 더 가속도를 낸다는 것은 물리적으로 도저히 이해가 되지 않은 중대한 사건이다. 화약을 장전한 로켓은 화약 에너지를 뿜으면서 점점 가속도를 붙여 올라가겠지만, 화약 에너지가 고갈되고 나면 속도는 점점 줄어든다. 그런데 거대한 우주를 가속시키는 에너지는 도대체 어디에 있다는 것인가?

다만, 계산에 따라 전체 우주 에너지의 72% 정도가 우주를 가속시키는 데 필요하며, 이 에너지를 암흑 에너지라고 명명했을 뿐이다. 암흑 에너지의 존재 여부도 아직 모르고, 그 정체성도 모르며, 다만 존재할 것이라는 믿음만 있는 것이다.

우주론의 암흑 시대

우주에 대한 이론적 또는 관측적 지식이 늘어갈수록 문제가 줄어드는 것이 아니라 점점 더 늘어가고 있다. 현재의 우주는 그 정체를 알 수 없는 암흑 물질이 별을 구성하는 일반 물질보다 다섯 배나 더 많다. 또한 우주의 에너지를 포함하게 되면, 그 존재 여부와 성질을 전혀 알 수 없는 가설적 상태에 있는 암흑 에너지가 전체 우주 에너지의 대부분을 차지한다. 더 정확하게 표현하자면 현재 우리 전체 우주는 72%의 암흑 에너지와 23%의 암흑 물질, 또 4.6%의 일반 물질과 1% 미만의 뉴트리노로 구성되어 있다.* 즉, 전체 우주의 95%가 '암흑' 상태에 있으므로 우주론은 다시 '암흑 시대'로 접어드는 것 같다. 구성 성분의 95%의 정체를 알지 못하는 상태에서 우주의 기원에 대한 어떤 이론인들 무슨 의미가 있을까?

어떤 과학적 이론이 발전하려면 먼저 실험적 근거가 분명하거나, 관측적 자료가 풍부한 상태에서 새로운 이론이 그 실험 데이터를 잘 설명하는지 검증해야 한다. 이론도 불확실하고, 관측 자료도 미비한 상태에서는 진실을 찾기가 매우 어렵다.

현재 천문학이 과거에 비해서 매우 많은 천문 관측 자료를 비축하여 왔다고 해도 여전히 전체 우주의 크기나 오랜 시간에 비해서 데이터가 너무 부족하다. 비유컨대 천 리를 걸어온 것은 분명 많은 거리를 온 것이지만, 앞으로 남은 것이 구만 리라면 천 리나 백 리나 별 차이가 없다는 것이다. 좀 섭섭하게 들릴 수 있겠지만, 오늘날 현대 천문학의 현 상황이 이와 같다. 정체를 알 수 없는 암흑 물질과 암흑 에너지가 우주 전체의 95%라면 사실 우주에 대한 어떤 이론이나 모델도 큰 의미가 있다고는 보기 어렵다. 물론 많은 노력과 시도는 해볼 수 있지만 어디까지나 가설이라는 전제하에서 이루어질 수밖에 없다.

오늘날 천문학의 상황은 마치 19세기 말 고전물리학이 부닥친

---

* 2013년, 유럽 우주국에서 발사한 플랑크 위성은 더욱 정밀한 측정을 통하여 암흑 에너지 68.3%, 암흑 물질 26.8%, 일반 물질 4.9%로 수정했다.

상황과 유사하다. 당시에는 과학자들이 경험할 수 있는 역학, 파동, 전자기 문제들은 거의 다 완벽하게 풀리고 있었다. 다만, 뜨거운 물체에서 나오는 빛의 파장에 관한 흑체 복사의 문제와 우주 공간에서의 빛의 매질로 추정되던 에테르의 존재 여부가 미확인 상태로 남아 있었다.

이러한 문제들은 당시 현실적으로 그리 중요한 주제도 아니었고, 몇몇 과학자들만 관심을 가지고 있던 작은 문제들이었다. 그러나 결국 이 작은 문제들로부터 상대성 이론과 양자역학이라는 거대한 현대물리학이 그 실체를 드러내기 시작하였으며, 반대로 고전물리학은 물리학의 작은 한 부분으로 줄어들었다.

흑체 복사 문제는 플랑크Planck의 양자론으로 해결의 실마리가 보이기 시작하여, 보어의 수소 원자 모델을 거쳐 원자와 같이 극미의 세계에서 적용되는 양자역학이라는 새로운 물리학의 탄생으로 연결되었다. 양자역학에 의하면, 빛을 포함하여 모든 물질은 근본적으로 파동과 입자의 성질을 모두 갖는 이중성二重性, duality을 띤다. 빛이 파동이라는 것은 이미 오래전부터 잘 알려져 있었지만, 완전한 입자라고 알려진 전자, 양성자, 중성자를 비롯하여 심지어 더 큰 물체들까지도 본질적으로 파동의 성질을 가지고 있다는 것이다.

특히, 원자의 세계에 들어가면, 이러한 파동의 성질을 고려하지 않고는 원자의 성질을 이해하는 것은 불가능하다. 파동과 입자의 이중성에 따라 파동성을 갖는 빛의 입자, 즉 광자는 입자성도 함께 가지고 있으며, 입자로 알려진 전자, 양성자, 중성자와 같은 입자들도 파동성을 함께 가지고 있다.

입자 속에 파동의 성질이 있으며, 동시에 파동 속에 입자의 성질이 들어 있다는 이중성은 고전물리학에는 전혀 없는 새로운 개념이자 새로운 세계였다. 물질의 이중성에 대한 이해는 고전물리학으로는 절대로 해결할 수 없었던 원자의 세계, 즉 양자역학의 세계로 들어가는 일종의 비자와 같은 것이었다. 다시 말해서, 물질의 이중성에 대한 이해가 없이 원자의 세계를 이해한다는 것은 불가능한 일이었다.

일단 양자 세계가 고전물리학과는 전혀 다른 자연법칙이 적용되는 세계라는 것이 인식되자, 수많은 과학자들이 양자 세계의 법칙을 탐구하기 시작하였다. 그리하여 1901년 플랑크가 양자론을 발표한 지 겨우 30년 만에 양자역학은 거의 완전한 체계를 갖추게 되었다. 거의 150년이나 걸린 코페르니쿠스-갈릴레이-뉴턴으로 이어지는 근대과학혁명에 비하여 매우 빠른 것이었다.

한편, 진공 속에서 빛을 전달하는 가상의 매질 에테르에 대한 마이컬슨-몰리의 실험은 예상과는 정반대로 빛의 속도가 관찰자의 속도에 관계없이 항상 일정하다는 광속 불변에 대한 증거를 제공하였다. 이는 아인슈타인의 특수 상대성 이론의 타당성을 뒷받침하는 유명한 실험이 되었다. 이 때문에 200여 년간 내려오던 고전물리학적 시간과 공간 개념이 완전히 무너지고, 상대성 이론이 시간과 공간과 우주를 이해하는 가장 중요한 이론이 되었다.

20세기 초인 1900년부터 1930년은 현대물리학의 두 개의 기둥, 즉 양자물리학과 상대성 이론이 그 모습을 드러낸 현대과학혁명의 시기였으며, 수많은 과학자들이 노벨 물리학상을 받았다. 사소한 문제들로 여겨졌던 흑체 복사의 문제와 에테르 문제는 새로운 세계로 들어가는 단서였다.

100년이 흘러 21세기 초에 접어든 현재는 20세기 초에 고전물리학이 부딪친 상황과 유사하게 천문학이 어려움을 겪고 있다. 천문학은 우주의 95%나 차지하는 암흑 물질과 암흑 에너지라는 벽 앞에서 도저히 출구를 찾지 못하고 있다. 기존 물리학의 틀 속에서 암흑 물질을 구성하는 어떤 새로운 입자를 발견함으로써 쉽게 해결될 수 있을지, 아니면 현대과학혁명 때처럼 전혀 새로운 과학이 출현하여야 풀릴지 아무도 예측하지 못하고 있다. 만약, 현대물리학의 패러다임을 벗어난 새로운 물리학이 우주 속에 숨어 있다면, 현대물리학의 틀 안에서 해석한 우주의 기원에 대한 대부분의 이론들이 사라질 수도 있다는 것까지도 염두에 두어야 할 것이다.

우주 기원 모델

암흑 물질과 암흑 에너지가 우주의 대부분을 차지하고 있기 때문에 이것들을 고려하지 않고는 우주론의 올바른 물리적 모델을 만드는 것은 불가능하다. 먼저, 암흑 물질이 어떤 물질인가에 대해서 다양한 연구가 진행되었다. 크게 암흑 물질은 뉴트리노와 같이 빨리 움직이는 '뜨거운 암흑 물질hot dark matter'과 미니 블랙홀, 약하게 상호작용하는 무거운 입자WIMP,** 갈색 왜성 등과 같이 움직임이 느린 '차가운 암흑 물질cold dark matter'로 나누어 조사가 진행되었

** WIMP: Weakly Interacting Massive Particle. 중력이나 약력만을 통해서 상호작용하는 가상적 입자

는데, 차가운 암흑 물질일 가능성이 높게 인식되고 있다. 즉, 암흑 물질은 우주를 광범위하게 돌아다니는 가볍고 빠른 입자가 아니라 느리고 차가운 물질일 것이라는 것이다.

암흑 물질에 대한 전혀 다른 시각도 있다. 암흑 물질은 어떤 종류의 물질이 아니라, 물리법칙의 변형일 수도 있다는 것이다. 1983년, 이스라엘 와이즈만 연구소의 밀그롬 Milgrom은 뉴턴의 중력 법칙을 변형한 새 중력이론을 제안하였다. 그는 은하계의 가장자리에서 공전하는 별들과 같이 은하 중심으로부터 멀어져서 중력이 약해지면 별이 움직이는 가속도가 기존 이론보다 더 작아진다고 가정하였다. 이 수정 중력이론은 '수정된 뉴턴역학 Modified Newtonian Dynamics, MoND'이라고 지칭되었다.[2]

이 수정된 뉴턴역학 가설은 여러 은하들에 대한 엄밀한 검증을 잘 통과하였지만, 물리적 기초가 잘 이해되지 않는 일종의 억지 이론처럼 보이기 때문에 광범위한 지지는 받지 못하고 있다. 그러나 플랑크의 양자론처럼 새로운 현상을 발견한 초기에는 확실한 이론적 기초가 없이 현상만 잘 설명하는 이론들이 나중에 이론적 기초를 획득하여 견실한 과학 이론으로 자리 잡는 경우가 많다는 것을 고려할 때, 수정된 뉴턴역학 이론도 그 성공 가능성을 염두에 두어야 한다.

수정된 뉴턴역학 가설 이외에도 암흑 물질을 설명하려는 몇 가지의 가설들이 더 제안되었다. 모팻은 '수정된 중력이론 modified gravity', 즉 MOG 이론을 주장하였다.[3] 우주 속의 먼 거리에서는 중력이론이 수정되어야 한다는 것이다. 이런 점들을 종합적으로 고려할 때, 암흑 물질이 과연 아직 발견하지 못한 어떤 새로운 물질인지 아니면 아직 발견되지 않은 새로운 자연법칙 때문에 생겨나는지도 구별할 수 없는 단계이다.

최근에는 5차원 이론을 이용하여 암흑 물질과 암흑 에너지를 설명하려는 시도도 제기되고 있다. 《숨겨진 우주》의 저자로 유명한 하버드 대학 물리학 교수 리사 랜들Lisa Randall은 큰 여분의 차원의 존재를 가정한 5차원 물리학 이론을 제안하여 많은 주목을 받고 있다.

우주의 기원을 연구하는 데 있어서 암흑 물질보다 더 큰 영향력을 미치는 것이 바로 암흑 에너지이다. 암흑 에너지는 우주의 가속팽창을 설명하기 위한 일종의 가설이지만 대부분의 천문학자들은 암흑 에너지의 존재를 굳게 믿고 있다. 현재로서는 마땅히 다른 이론이나 가설이 전혀 없기 때문에, 우주 기원을 연구하는 과학자들은 한때 아인슈타인이 일반 상대성 이론 속에 억지로 도입하였다가 크게 후회하면서 내다버린 우주 상수(람다 Lamda, Λ)를 다시 쓰레기통에서 주워왔다. 아마 아인슈타인이 살아 있다면 크게 실망하였을지도 모른다.

아인슈타인은 1915년 일반 상대성 이론을 발표했을 당시 우주가 팽창하고 있다는 사실을 모르고 정지한 상태, 즉 정적 우주라고 생각하고 있었다. 그러나 정적 우주 속에서는 은하들이 서로 중력으로 잡아당겨 우주가 수축하면서 결국 붕괴될 수밖에 없다는 사실도 잘 알고 있었다. 아인슈타인은 정적 우주가 붕괴되지 않도록 하기 위하여 궁여지책으로 자신의 방정식 속에 우주 상수라는 것을 강제로 집어넣었다. 즉, 아무런 이론적 당위성도 없이 우주 상수를 이용하여 진공 속에 배척하는 힘을 강제로 부여함으로써 정적 우주가 중력 수축으로 붕괴하는 것을 막고자 하였다.

　아인슈타인 같은 완벽주의자가 이론적 당위성도 없이 우주 상수를 자신이 십여 년 동안 애써 완성한 완벽한 우주 방정식 속에 강제로 집어넣었을 때는 정말 속이 쓰렸을 것이 틀림없다. 십여 년 후 1929년에 허블이 우주가 정지한 상태가 아니라 빠르게 팽창한다는 사실을 발견하자 아인슈타인은 자신의 아름다운 우주 방정식 속에 우주 상수를 억지로 집어넣은 것을 정말 후회했다고 한다.

　최근 우주 팽창 속도가 예측대로 점점 느려지는 것이 아니라 반대로 점점 더 빨라지고 있다는 우주의 가속 팽창 사실이 관측되자 우주론자들은 다시 아인슈타인의 고민에 빠지게 되었다. 이전까지는 우주가 팽창을 하고 있지만, 중력이 뒤로 잡아당기고 있으므로 팽창 속도가 점점 느려지고 있을 것으로 예측되었다. 그러나 놀랍게도 측정 결과는 그 반대였다. 우주는 가속도를 붙여 점점 더 빨리 팽창하고 있었던 것이다. 지금의 어떤 이론으로도 이 사실을 설명하는 것이 불가능하게 되자 과학자들은 마침내 아인슈타인이 미련 없이 버린 우주 상수를 다시 주워들었다.

　우주론은 암흑 에너지와 암흑 물질을 제외하고는 어떠한 이론 체계도 구성할 수 없다. 우주론 과학자들은 이 두 가지를 포함하는 이론 체계를 만들었으며, 그것을 '암흑 에너지-암흑 물질 우주론 모델Λ-CDM model'***이라고 명명하였다. 이 암흑 에너지-암흑 물질 우주론 모델은 현재 빅뱅 우주론의 표준 모형으로 자리 잡고 있다.

*** Λ-CDM model: Lamda Cold Dark Matter Model. 우주 속의 구성 성분으로 우주 상수(lamda)와 암흑 물질(cold dark matter)을 포함하여 우주 기원을 설명하는 우주론 모델

문제는 이 우주론의 핵심 역할을 하는 우주 상수와 암흑 물질 모두 여전히 가설적인 상태에 있다는 사실이다.

앞에서 언급하였듯이 암흑 물질은 어떤 알려지지 않은 물질이 아니라 다른 자연법칙일 수도 있다. 암흑 에너지는 과연 그런 에너지가 존재하는지조차 전혀 알 수 없다. 그렇다면 암흑 에너지–암흑 물질 우주론 모델은 여전히 가설적 상태의 모호한 모델이 될 수밖에 없다. 약 68%의 암흑 에너지와 약 27%의 암흑 물질에 기반을 둔 이 표준 우주론 모델에는 '암흑 모델'이라는 이름이 더 어울릴 것이다. 따라서 빅뱅 이론 역시 더욱 어두운 안개 속에 가려져 그 실체를 파악할 수 없는 불완전하고 가설적인 이론으로 언제까지 머무를지 모른다.

최근의 천문학적 관측 자료는 암흑 에너지–암흑 물질 우주론 모델이 초기의 은하 형성 과정을 설명하고 있지 못하다는 것을 보여주었다. 영국 천체물리연구소의 콜린스 등은 우주에서 가장 밝은 은하단을 연구하는 과정에 이미 지금부터 90억 년 이전, 곧 빅뱅 이후 겨우 40억 년 만에 이미 오늘날 관측되는 은하와 은하단들이 완전히 형성되었다는 것을 발견하였다.[4] 그들은 자신들의 관측 결과가 암흑 물질–암흑 에너지 우주 형성 이론과 맞지 않는다고 주장하였다.

허블 망원경은 장시간의 노출을 이용하여 110억 광년이나 멀리 떨어진 은하들의 영상을 얻는 데 성공하였다. 놀라운 것은 빅뱅 이후 겨우 20억~30억 년밖에 지나지 않은 시기에 은하들의 형태나 분포, 즉 '우주 은하 동물원cosmic zoo'의 모양이 오늘날과 거의 같다는 것이 밝혀졌다.[5]

은하 동물원이란 우주의 구성 멤버인 여러 종류의 은하들의 집합을 의미한다. 은하들은 그 크기와 모양에 따라서 분류를 하는데, 기본적으로 나선은하와 타원은하, 불규칙은하가 있고, 이들은 더 세부적 형태에 따라서 나누어진다. 나선은하는 얇은 원반 형태로 여러 개의 나선형 회전 팔을 가지고 회전하고 있으며, 타원은하는 달걀처럼 타원 형태를 띠고 있고, 불규칙은하는 일정한 모양이 정해져 있지 않다. 빅뱅 이후에는 형태가 정확하게 정의되지 않고 그 크기도 오늘날 관측되는 은하와 많이 다른 은하들이 제일 먼저 출현하였을 것으로 기대되고 있다. 그 때문에 수십억 광년 너머에서 관측되는 과거 은하들의 구조와 분포는 오늘날 가까운데서 관측되는 은하들의 구조 및 분포와 많이 다를 것으로 예측되었다.

그러나 빅뱅 이후 얼마 지나지 않아서 이미 타원은하와 나선은하들이 각각 종류별로 잘 발달해 있음이 밝혀졌다. 이것은 빅뱅 우주론과 은하 형성 이론이 예측한 것과는 완전히 다른 결과이다. 이것이 바로 은하 동물원 문제이다.

앞에서 언급한 내용을 종합해볼 때, 빅뱅 이론의 우주 기원 모델은 여전히 암흑 상태 속에서 헤매고 있으며, 어느 이론도 우주의 기원을 정확하게 설명할 수 없다는 것을 알 수 있다. 즉, 빅뱅 이론에 기반을 둔 우주 기원 모델은 전혀 검증되지 않고 있다.

문제는 빅뱅 이론이 이러한 가설적 단계에 있음에도 불구하고, 스티븐 호킹을 비롯한 많은 자연주의적 과학자들이 대중들을 향해 빅뱅 이론이 마치 완전히 증명된 과학적 사실인 것처럼 오도하면서 환원주의적 우주관을 확산하고 있다는 사실이다. 좀 더 객관적이고 올바른 과학적 태도는 빅뱅 이론이나 다중 우주론과 같은 우주론이 검증되고 확인된 과학적 사실이 아니라 아직 연구 중에 있는 가설이라고 현재의 상황을 사실 그대로 말하는 것이다. 비록 앞으로 암흑 물질이나 암흑 에너지의 실체가 밝혀진다고 하여도 그때까지 기다리는 인내심이 필요하고, 성급하게 불완전한 이론을 확실한 이론인 것처럼 대중들에게 확산시키는 것은 적절하지 않다.

우주의 빅뱅은 현재 관측되고 있지 않기 때문에 빅뱅 이론이 불완전하면 과연 빅뱅이 존재하였는지에 대한 더욱 근본적인 의문이 생길 수밖에 없다. 예를 들어, 중력의 존재는 뉴턴이 중력이론을 발견하기 이전에도 의심의 여지가 없었다. 다만, 더 정확한 이론을 찾아내는 과제만 남아 있었다. 빅뱅 이론의 증거로 제시되고 있는 우주의 팽창과 먼 은하 별빛의 적색편이, 우주배경복사와 같은 것들은 다른 이론으로도 충분히 설명이 가능하기 때문에 이것들만 가지고 빅뱅 이론을 완전히 확신하는 데에는 한계가 있다.

저명한 과학 저술가로서 맥도널드연구소 과학 작가상을 수상하였고, 아이다호 주립대학교 물리천문학 교수인 배리 파커Barry Parker는 《빅뱅과 우주의 탄생: 빅뱅 이론은 증명되었는가?》라는 책에서 빅뱅 이론의 현 주소와 해결되지 않은 중요한 문제점들을 지적하면서 다음과 같이 말하였다.

> 우리는 시초에 어떤 일이 일어났는지를 설명할 수 있을 때까지는 완전한 빅뱅 모형을 갖지 못할 것이다. 빅뱅의 특이점은 여전히 그 이론의 주요 난점 중 하나이므로, 그것을 완전히 이해하려고 한다면 '만물의 이론theory of everything, TOE'이 필요할 것이다. 그러한 이론을 공식화하려는 몇 가지 시도가 있었지만 어떤 것도 성공하지 못했다.[6]

초끈 이론학회의 공식 홈페이지에는 인플레이션 이론에 대해서 다음과 같이 정리하였다.

> 인플레이션 이론이 우주배경복사와 같이 몇 가지 예측을 하였지만, 인플레이션 이론은 여전히 이상적인 이론으로부터는 거리가 멀다. 인플레이션을 중지시키는 이론을 개발하는 것은 너무 어렵고, 인플레이션 이론이 해결한 자기 단극 문제는 언제든지 다시 부상할 수 있다. 오늘날의 인플레이션 이론은 처음의 인플레이션 이론에서 많이 수정되어서 영원한 인플레이션 또는 다중 우주론으로 변모하였다. 그러나 한편으로는 인플레이션이 전혀 없이 빅뱅 이론의 여러 문제점들을 해결하려는 시도가 있다. 이 모델을 퀸테센스quintessence 이론****이라 한다.[7]

구스와 거의 같이 인플레이션 이론을 연구하기 시작해서 많은 기여를 한 폴 슈타인하르트는 30여 년의 인플레이션 빅뱅 이론을 연구한 결과에 대해서 다음과 같이 말하였다.

> 초기 1980년대의 예측들은 인플레이션이 어떻게 작동하는지에 대한 매우 초보적 이해에 근거하였고, 이것들은 이제 완전히 틀린 것으로 결론났다.[8]

전문가들의 의견을 종합해보자면 초기 인플레이션 빅뱅 이론, 즉 낡은 인플레이션 이론은 완전히 틀렸으며, 현재 알려져 있는 대

**** 가속 팽창하는 우주를 설명하기 위하여 기존의 우주 상수 대신 제안된 가설적인 암흑 에너지의 한 형태이다. 아직 밝혀지지 않은 제5의 힘으로 보기도 한다.

부분의 인플레이션 이론은 바로 그 초기의 낡은 인플레이션 이론이라는 것이다. 현재에는 다중 우주론이나 주기적 우주론, 변하는 광속 이론, 퀸테센스 우주론 등 여러 상이한 이론들도 주장되고 있는데, 이 모든 경쟁 이론들을 이기고 빅뱅 우주론이 완전한 이론으로 증명되기에는 아직도 요원하다.

플랑크 위성의 우주배경복사 측정

여기서 2009~2013년까지 가장 정밀하게 우주배경복사를 측정한 플랑크 위성의 측정 결과에 대해서 검토해볼 필요가 있다.

우주배경복사는 인플레이션 빅뱅 이론을 지지하는 가장 중요한 증거로 인식되어 왔으며, 우주론을 연구하는 데 매우 중요한 관측 자료이다. 그 때문에 미 항공우주국 NASA에서는 1989년에 우주배경복사 전문 측정 인공위성 COBE Cosmic Background Explorer를 띄워서 관측하였고, 또 다시 2001년 더 향상된 성능을 갖는 WMAP Wilkinson Microwave Anisotropy Probe를 발사하였다.

유럽우주국에서 발사한 플랑크 위성은 WMAP보다 더 뛰어난 해상도를 갖도록 설계되어 2009년부터 4년에 걸쳐 우주배경복사를 상세히 측정하였으며, 그 결과를 2013년도에 발표하였다. 그림 10은 플랑크 위성이 측정한 전체 우주배경복사 지도와 비정상 우주배경복사 분포도를 나타낸다.

그림 10에서 붉은 부분은 우주 온도가 약간 높은 부분을 나타내고, 푸른 부분은 온도가 약간 낮은 지역을 나타내며, 평균 온도 차

이는 약 0.003℃이다. 전체적으로 매우 균일한 분포를 나타내고 있으나, 그림 10의 아래 그림에 보이는 것처럼 우주의 우측 아래 광범위한 부분에서 더 온도가 높거나 낮아서 편차가 심하게 나타나는데, 이것을 우주배경복사의 비정상 분포라고 한다. 이러한 비정상 분포는 기존의 인플레이션 이론으로는 설명이 곤란하다.

플랑크 위성의 측정 결과를 두고 인플레이션 이론의 최고 전문가들 사이에서 의견이 크게 엇갈리고 있다. 슈타인하르트를 비롯한 몇몇 전문가들은 플랑크 우주배경복사 데이터가 매우 단순한 몇몇 인플레이션 모델을 지지하는데, 실제로 이러한 모델들은 '불가능성 문제unlikeliness problem' 때문에 현실성이 없으며, 그동안 광범위하게 지지되어 오던 인플레이션 초기 조건에 대한 가정도 틀렸다고 주장하였다. 또한 그들은 인플레이션 이론의 중요한 귀결인 다중 우주론도 플랑크 위성 측정 결과로부터 지지받지 못한다고 하였다.[9)]

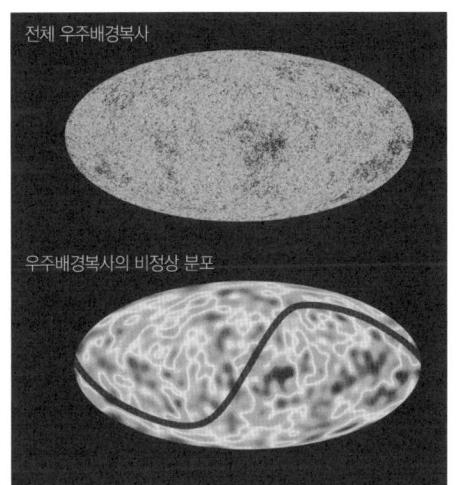

그림 10

2013년 플랑크 위성이 정밀하게 측정한 전체 우주배경복사 지도(위)와 비정상 우주배경복사 분포도(아래). 붉은 부분은 높은 온도를 나타내고 푸른 부분은 낮은 온도를 나타내며 그 차이는 평균 0.003℃ 정도이다.
(Courtesy of NASA)

이 주장에 대해서 구스 등은 강하게 반발하였다. 구스는 슈타인하르트의 주장에 일부 동의를 하면서도 인플레이션 이론이 틀렸다는 주장에 대해서는 거부하였다. 비록 인플레이션 이론에 여러 가지 문제가 남아 있지만, 최근의 더 발전된 인플레이션 이론은 이러한 문제들을 해결할 가능성이 있으며, 여전히 슈타인하르트의 주기적 우주론에 비해서 훨씬 뛰어난 이론이라고 반박하였다.[10]

구스의 반발에 대해서 슈타인하르트 등은 "인플레이션 이론의 분열"이라는 제목의 재반박 논문을 발표하였다.[11] 그는 구스가 천문학 교과서 등에 광범위하게 알려져 있는 '표준 인플레이션 이론 classic inflation'과 '최신의 인플레이션 이론'이라는 서로 다른 두 가지 인플레이션 이론을 주장하고 있다고 하였다. 그는 표준 인플레이션 이론은 완전히 틀렸으며, 이는 구스도 인정하고 있다고 하였다.

그리고 슈타인하르트는 구스가 주장하는 최신의 인플레이션 이론을 '포스트모던 인플레이션 이론 postmodern inflation'이라고 명명하였다. 포스트모던이란 철학적 용어는 과거 오랜 기간 잘 정립된 진실을 부정하고, 상대적으로 최신의 유행을 따르는 것을 의미한다. 슈타인하르트가 '포스트모던 인플레이션'이라는 이름을 붙인 이유는 구스가 최근까지 잘 확립되어 천문학 교과서나 일반에게 광범위하게 알려진 표준 인플레이션을 부정하고 최신의 새로운 인플레이션 이론을 도입하였기 때문이다. 슈타인하르트는 이 포스트모던 인플레이션 이론은 '변수 예측 불가능의 문제' 때문에 대부분의 천문학자들에게 거의 쇼크로 다가올 것이라고 말하였다. 그는 세 가지의 변수만 사용하여도 어떤 관측 결과도 이 이론과 일치하도록 조정될 수 있기 때문에 이론을 검증하는 것이 원천적으로 불가능하며, 이것은 과학이 아니라고 하였다.

슈타인하르트는 우주의 기원에 대해서 현재 직면하고 있는 과학적 질문은 "구스도 인정한 대로 만약 표준 인플레이션 이론이 낡고 실패한 것이라면, 정상 과학이라고 보기 어려운 포스트모던 인플레이션 이론을 받아들여야 할 것인가 아니면 새로운 우주 기원론을 찾기 시작해야 할 것인가?"라고 하였다.

30년 이상 인플레이션 이론을 연구한 최고의 두 전문가 사이에서 발생한 이 논쟁이 의미하는 것은 아직 이 이론이 모든 과학자들이 동의하는 확립된 과학 이론이 아니며, 아직까지 수많은 난제가 남아 있는 가설 또는 모델이라는 것이다.

이러한 문제들 외에 빅뱅 이론의 중요한 문제점을 구체적으로 몇 가지 더 설명하면 다음과 같다.

우주 지평선 문제

우주 지평선 문제란 현재 우주가 너무 커서 가장 빠른 빛조차도 우주 이쪽 끝에서 반대편 끝까지 갈 수가 없으며, 빛보다 훨씬 느린 물질들은 매우 제한된 지역 내에서 이동이 가능하다는 사실에서부터 발생한다. 즉, 우주의 서로 멀리 떨어진 지역들은 처음부터 지금까지 서로 어떠한 물질적 교류도 하지 못하였다.

그럼에도 불구하고 우주의 멀리 떨어진 지역들은 서로 많은 상호작용을 한 것과 같은 모습을 보인다. 요약하자면 서로 한 번도 상호작용을 하지 않은 우주의 멀리 떨어진 지역이 마치 서로 많은 상호작용을 한 것처럼 보이는 것이 바로 우주 지평선 문제의 핵심이다.

인플레이션 빅뱅 이론은 지평선 문제를 일부 해결할 수 있으나, 그 대신에 스칼라 필드의 정체성 문제, 반중력의 문제, 우아한 출구 문제 등과 같은 다른 문제들을 유발하였다.

우주 편평도 문제

우주 편평도 문제는 다른 말로 우주의 오래됨 문제 또는 미세 조정 문제라고 불린다. 1969년 로버트 디케는 만약 우주가 수백억 년이나 오래되었다면 빅뱅이 시작할 때의 우주 전체의 물질의 밀도가 임계밀도보다 극히 조금만 달라도 현재의 우주는 존재할 수 없다는 사실을 발견하였다.

좀 더 엄격한 계산에 의하면, 우주 전체의 물질 밀도는 임계밀도와 10의 62제곱 분의 1($1/10^{62}$)만큼이나 정밀한 오차의 범위 내에서 일치하여야 한다. 이 사실이 알려지자, 빅뱅 이론가들은 어떻게 이와 같이 상상을 초월할 정도의 정밀한 초기 조건을 가진 상태에서 빅뱅이 발생할 수 있을까 하는 의문을 갖기 시작하였다.

유신론적 우주론자들은 우연에 의하여 이와 같은 정밀한 초기 조건을 맞추는 것은 불가능하며 신에 의한 창조가 그 대안이라고 하였다. 슈타인하르트는 거의 모든 인플레이션 빅뱅은 생명체의 존재가 불가능한 '나쁜 인플레이션'으로 귀결된다고 하였다.

은하의 회전 문제

지평선 문제나 편평도 문제처럼 잘 알려져 있지는 않지만, 우주 기원론에서 매우 풀기 어려운 난제가 바로 우주의 회전 문제이다. 현재 관측되는 은하들은 모두 자체적으로 회전하고 있으며, 서로 떨어진 은하들 사이의 회전 방향은 아무런 관련이 없어 보인다. 만약 은하들이 회전하지 않는다면, 중력 수축에 의해서 모든 별들은 중심을 향해서 떨어지게 되어 결국 은하 전체가 거대한 초신성처럼 폭발해버리고 말 것이다. 즉, 회전이 부여되지 않은 은하들은 얼마 되지 않아 폭발하여 사라지기 때문에 우주는 거대한 폭발들로만 가득 차게 될 것이다.

이처럼 은하가 형성되고 유지되는 데 매우 중요한 은하들의 회전은 어떻게 해서 유발되었는가 하는 것이 은하의 회전 문제이다. 직관적으로 빅뱅에 의해서 물질들이 사방으로 팽창해 나가는 과정에 우주가 냉각되면서 물질들이 서로 중력에 의해서 응집되었다고 생각할 경우, 매우 작은 양의 회전이 부여되거나 거의 회전하지 않는 물질 덩어리들이 발생할 것이다. 서로 가까이 접근한 은하들 사이의 마찰력에 의해서 서로 반대 방향의 회전이 부여되었다고 하는 연구들이 있으나 설득력 있게 인정되지 않고 있으며, 아직 이 문제에 대한 해답은 없는 상태이다.[12]

은하의 회전 문제는 초기 은하 형성 과정에서 가장 결정적인 요인이기 때문에 이 문제가 정확하게 해결되지 않고는 은하 형성도 설명할 수 없다. 초기 은하 형성 시뮬레이션이나 동영상들은 대부분 은하에 처음부터 초기 조건으로 회전에 의한 각운동량을 부여한 상태에서 시작하고 있기 때문에 은하 회전의 기원 그 자체를 설명하지 못하고 있다.

초기 은하 형성 문제

2012년 7월 12일, 천문학자들은 허블 우주 망원경을 이용하여 빅뱅 직후 얼마 되지 않은 우주의 초기에 이미 나선은하가 존재하는 것을 관측하였다. BX442라고 명명된 이 은하는 우리 이웃의 가까운 은하와 유사하게 선명한 나선 팔을 가지고 있었다. 이 은하까지의 거리는 107억 광년이나 되기 때문에 이 은하는 빅뱅 직후 얼마 되지 않은 시기에 태어난 것으로 보였다.

그러나 이 당시에는 우주의 물질 밀도가 매우 높았고, 은하들은 서로 충돌을 많이 하였으며, 우주로부터 엄청난 양의 먼지들이 떨어져 내렸고, 블랙홀들은 훨씬 빠르게 성장하였다. 이 때문에 연구를 이끌었던 로^{Law} 박사는 BX442와 같은 거대한 나선은하가 존재하였다는 것은 커다란 수수께끼가 아닐 수 없다고 하였다.[13]

은하들이 어떻게 형성되었는지에 대해서는 아직 아는 것보다 모르는 것이 훨씬 많다. 최근에는 나선은하들이 서로 충돌하고 합체해서 타원은하가 될 것이라고 보고 있다. 타원은하들은 달걀과 같이 입체적인 타원 구조여서 대칭적인 구조를 가지고 있지만, 별들 하나하나의 공전궤도는 매우 불규칙하다. 별들이 안정된 원궤도 혹은 타원궤도를 그리면서 움직이기에는 궤도를 방해하는 다른 별들의 간섭이 너무 심하다. 원반처럼 얇고 회전 속도가 빠른 나선은하들이 중력에 의해서 서로 충돌하고 합체하면서 별들의 공전궤도가 불안정하고 불규칙적인 거대한 타원은하가 형성되었다는 것이 현재의 이론이다. 그래서 과거에는 단순한 구조를 갖는 타원은하가 점점 진화해서 복잡한 구조를 갖는 나선은하가 된다는 생각을 가졌지만, 지금은 그 반대로 나선은하가 충돌하는 과정에서 부서지고 합체해서 타원은하가 된 것이라고 생각하고 있다.

실제로 우주 속에는 충돌하는 은하들이 자주 발견되는데, 그 은하들은 형태가 많이 일그러져서 마치 찢겨서 흩어진 천 조각같이 그 대칭성과 형태가 붕괴된다. 그림 11은 허블 망원경이 잡은 두 은하가 충돌하면서 생긴 속칭 '쥐 은하' NGC 4676의 모습이다. 여기서 우리는 타원은하나 나선은하의 형태가 붕괴되면서 매우 불규칙한 형태로 바뀌는 것을 목격한다.

그렇다면, 우주의 초기에는 은하의 충돌이 훨씬 빈번하였으므로 허블 망원경을 통하여 우주 초기의 은하들을 관측하면 이러한 형태의 불규칙한 은하들이 수없이 많아야 할 것이다. 그러나 최근의 관측 결과는 우주 초기의 은하들조차 대부분 오늘날의 은하와 비슷한 완전한 형태의 타원은하와 나선은하들이다. 따라서 은하들의 진화 시나리오는 여전히 검증되지 않은 가설에 머물고 있으며, 빅뱅 이후 최초의 은하들이 어떻게 발생하였는지에 대한 메커니즘은 여전히 풀리지 않고 있다.

또한 나선은하가 타원은하보다 먼저 발생했다면, 길게 휘어져 돌아가는 아름다운 나선 팔들을 가지고 있는, 질서 정연하고 얇고 편평한 나선은하가 어떻게 생겨났을까? 나선은하들의 별들은 은하의 중심 주위를 안정적으로 원운동을 하고 있다. 따라서 구조적

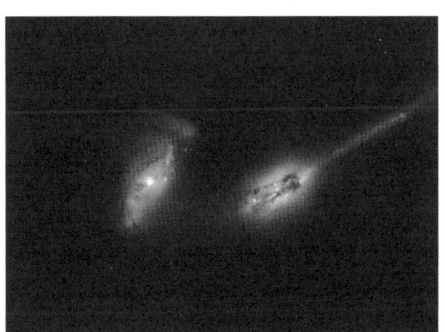

그림 11

충돌하는 은하 NGC 4676은 그 형태가 쥐를 닮았다고 속칭 '쥐 은하'라고 불린다.
(Courtesy of NASA)

으로 볼 때, 나선은하가 타원은하보다 더 질서 있고 정교한 구조를 가지고 있다.

질서 있는 나선은하가 은하 사이의 충돌과 같은 천문학적 재난에 의하여 그 형태가 일그러져서 타원은하가 된다면, 그 반대로 타원은하가 저절로 나선은하가 되는 것은 거의 불가능할 것이 분명하다. 그렇다면 나선은하는 어떻게 발생했으며 은하의 회전은 어떻게 부여되었는가 하는 문제가 생겨난다. 하지만 그에 대해 아직 밝혀진 이론이 없다.[14]

은하 동물원 문제

우리 은하 가까이 있는 은하들의 종류 및 분포가 수십억 광년 멀리 떨어진 은하들의 종류 및 분포와 거의 유사하다는 사실이 밝혀지면서 은하의 기원이 점점 더 어려워지고 있다. 이것을 은하 동물원 문제라고 한다.

현재는 나선은하들이 서로 충돌하여 타원은하를 형성하였다고 추측하고 있지만, 최근 허블 망원경을 통하여 110억 년 이전 우주 초기에 이미 오늘날 우리 주위의 은하 동물원과 거의 유사한 은하 동물원이 존재하는 것이 발견되었다.[15] 이것은 기존의 빅뱅 이론과 암흑 물질–암흑 에너지 우주 기원론으로는 설명하기가 매우 어렵다.

우주의 대규모 구조 문제

빅뱅 이론이 설명하기 어려운 문제들 가운데 최근 많이 관측되고 있는 것이 우주의 대규모 구조 문제이다. 우주 공간에 떠 있는 허블 망원경을 비롯하여 지상의 거대 망원경의 기술이 발달하면서 수십억 광년 너머의 먼 우주를 정밀하게 관측하는 것이 가능해졌다.

그 결과 우주는 은하들이 균일하게 골고루 퍼져 있는 것이 아니라 은하단이나 초은하단을 구성하며, 이들은 다시 거미줄이 얽히듯이 거대한 은하 필라멘트 또는 은하 만리장성이라는 구조를 형성하여 '우주 그물망'을 이루고 있다는 사실이 밝혀졌다. 또 그 크기가 수십억 광년이나 되는 퀘이사의 집단이 발견되었는데, 그 크기가 너무 커서 빛의 속도로도 가로지르는 데 40억 년이 걸린다고 한다. 우리 은하계의 크기가 10만 광년임을 생각할 때 우리 은하의 4만 배에 이르는 어마어마한 크기이다.

현대 천문학에서 중요한 우주 원리는 '큰 규모에서 볼 때, 우주는 어느 방향으로 보아도 동등하다'는 균일성의 원리인데, 이 퀘이사 집단은 너무 커서 이 우주 원리조차 도전받고 있다. 그리고 중요한 것은 기존의 138억 년의 빅뱅 우주론으로서는 이러한 대규모 퀘이사 집단의 기원을 설명하기가 어렵다고 보고되었다.[16]

최근에는 우주에서 지금까지 발견된 가장 거대한 천체 구조가 발견되어 이슈가 되고 있다.[17] 이것은 지금까지 알려진 최대 천체 구조보다 두 배나 더 크며, 빛이 가로질러가는 데에만 약 100억 년이 걸린다고 한다. 우주의 나이가 138억 년인데, 100억 광년 크기의 천체 구조가 존재한다는 것은 현대 우주론의 커다란 수수께끼가 아닐 수 없다.

암흑 물질 문제

대부분의 은하 속의 별들의 움직임은 별들 사이의 중력만으로는 설명할 수 없다는 사실이 이미 잘 알려져 있다. 천문학자들은 정체불명의 물질이 은하 주위에 가득 차 있다고 생각하며, 이 정체불명의 물질을 암흑 물질이라고 하였다. 보이는 별이나 우주먼지를 전부 합친 것보다 암흑 물질의 양이 약 5배나 더 많은 것으로 예측하고 있지만, 그것이 무엇인지는 아직 전혀 알려지지 않고 있다.

암흑 에너지 문제

최근 밝혀진 바에 의하면, 우주의 팽창은 빅뱅 이후 점점 느려져 온 것이 아니라 오히려 점점 가속도를 가지고 빨라지고 있다는 것이다. 문제는 우주가 팽창이 가속화되는 원인이 무엇인지 전혀 모른다는 것이다. 그래서 천체 물리학자들은 우주 공간 속에 서로 배척하는 어떤 미지의 힘이 존재하며, 이것을 암흑 에너지라고 명명하였다.

그렇지만 암흑 에너지의 실체는 전혀 알려지지 않고 있다. 암흑 에너지는 우주 전체 에너지의 68%나 될 만큼 거대하지만, 우리는 여전히 그 정체를 모른 채 암흑 에너지에 의존하는 우주론을 가지고 있는 셈이다.

앞에서 제시된 문제들은 지엽적인 것들이 아니라 핵심적이고 매우 중요한 문제들이다. 현재 인플레이션 빅뱅 이론이 우주를 설명할 수 있는 유력한 이론이라고 하여도 이러한 문제들이 해결되지 않는 한 가설의 범주를 벗어나지 못한다. 그럼에도 불구하고 스티븐 호킹을 비롯하여 많은 자연주의적 신념을 소유한 과학자들은 마치 인플레이션 빅뱅 이론이 우주의 창조를 완전히 증명할 수 있는 것처럼 대중들을 설득하는 데 성공하고 있다.

    그러나 전문가들은 알고 있는 것과 모르는 것을 분명히 구분하고, 설명할 수 있는 것과 그렇지 못한 것들을 잘 구별함으로써 대중들이 어디까지가 사실이고 어디서부터가 가설인지 인식할 수 있도록 솔직하게 이야기하여야 한다. 예를 들면, 은하의 크기와 거대한 우주의 구조 등은 분명한 사실이다. 그러나 그것들이 어떻게 존재하게 되었는가를 설명하는 인플레이션 빅뱅 이론은 아직 설명하지 못하는 부분들이 많이 남아 있는 가설 또는 모델이라는 것을 대중들이 알게 하는 것은 매우 중요하다.

1) www.wikipedia.org
2) en.wikipedia.org, "Modified Newtonian Dynamics"
3) en.wikipedia.org, "Modified Gravity"
4) Chiris A. Collins et. al. "Early Assembly of the Most Massive Galaxies," Nature V.458, pp.603~606, 2009.
5) M. Kramer, "Galaxy Anatomy In Early Universe Was a 'Cosmic Zoo'," www.space.com
6) 래리 파커, 《빅뱅과 우주의 탄생: 빅뱅 이론은 입증되었는가?》, 제12장 골칫거리 특이점, 전파과학사, 1993.
7) www.superstringtheory.com
8) Paul Steinhardt, "The Inflation Debate: Is the Theory at the Heart of Modern Cosmology Deeply Flawed?", Scientific Am, April 2011.
9) A. Ijjas, P. Steinhardt, and A. Loeb, "Inflationary Paradigm in Trouble after Planck 2013," Physics Letters B 723, pp.261~266, 2013.
10) A. Guth, D. I. Kaiser, and Yasunori Nomura, "Inflationary Paradigm after Planck 2013," Physics Letters B 733, pp.112~119, 2014.
11) A. Ijjas, P. Steinhardt, and A. Loeb, "Inflationary Schism," Physics Letters B 736, pp.142~146, 2014.
12) en.wikipedia.org, "Galaxy Formation and Rotation"
13) www.dailygalaxy.com
14) en.wikipedia.org, "Galaxy Formation"
15) M. Kramer, "Galaxy Anatomy In Early Universe Was a 'Cosmic Zoo'," www.space.com
16) R. G. Clowes, et. al., "A Structure in the Early Universe at z~1.3 that Exceeds the Homogeneity Scale of the R-W Cconcordance Cosmology," Monthly Notices of the Royal Astronomical Society, January 11, 2013.
17) http://news.discovery.com, "Universe's Largest Structure Is a Cosmic Conumdrum."

제5장

두 가지 우주관

충돌하는 세계관

토머스 쿤Thomas Kuhn(1922~1996)은 하버드 대학에서 물리학으로 학사, 석사, 박사 학위를 받은 후 과학사 연구로 방향을 바꾸어 유명한 《과학혁명의 구조》를 저술하였다. 그는 과학의 발달이 점진적이고 누적적으로 발달하는 것이 아니라 서로 다른 패러다임 사이의 충돌 과정에서 거의 혁명적이고 급진적으로 발달한다고 보았다.[1]

이때부터 패러다임이라는 용어가 '어떤 한 시대 사람들의 견해나 사고를 근본적으로 규정하고 있는 테두리로서의 인식의 체계' 또는 '사물에 대한 이론적인 틀이나 체계'라는 의미로 세계적으로 사용되기 시작하였다. 즉, 과학적 이론도 그 시대의 세계관이나 기존의 인식론적 틀에 많은 영향을 받는다는 것이다.

옛 시대의 과학은 당시 세계관의 영향을 받고 있기 때문에 마치 색안경을 끼고 보듯이 과학자들조차 편향된 관점으로 자연을 이해하기 마련이다. 이런 사회 분위기 속에서 다른 관점을 가진 새로운 과학 이론이 등장하면 환영받기보다는 의심의 눈초리 속에서 냉대를 받기가 쉽다.

이처럼 과학혁명의 초기에는 옛 과학과 새 과학이 일종의 세력싸움을 하며 갈등하기 마련이다. 처음에는 새로운 과학 이론이 완전한 체계를 갖추지 못하고 증거도 많이 부족하기 때문에 새로운 과학을 주장하는 과학자들이 밀리지만, 점점 더 동조자가 많아지고 새로운 증거들이 확보됨에 따라 어느 순간 혁명적으로 승리하게 된다.

이러한 혁명적 과학 발달의 가장 좋은 예는 코페르니쿠스-갈릴레오-뉴턴으로 이어지는 근대과학혁명이다. 사실 당시에는 과학적 발견이나 이론 체계가 허술하고 시대적 세계관의 영향을 많이 받을 수밖에 없었다. 하나의 예를 들면, 코페르니쿠스가 지동설을 발표하였을 당시 지구의 운동으로 인한 지구의 대혼란이 발생할 것이란 의문이 제기되었다. 지구가 태양 주위를 엄청난 속도로 움직이면 지구에는 폭풍과 해일, 지진과 같은 것이 발생할 것이란 주장에 대해서 코페르니쿠스는 아무런 대답도 할 수 없었고, 그의 지동설은 거의 한 세기가량이나 묻혀 있었다. 당대 최고의 천문학자였던 티코 브라헤조차 코페르니쿠스의 지동설을 받아들이지 않았다. 그런데 갈릴레오가 관성의 법칙을 발견하고, 이를 이용하여 태양을 공전하는 지구에 대혼란이 발생하지 않는 이유에 대해 분명하게 설명하면서 지동설은 더 정교한 과학적 체계를 갖추고 비로소 광범위하게 확산되기 시작하였다.

근대과학혁명이 더 치열하였던 또 다른 이유는 과학적 방법론의 결여에서 비롯되었다. 아리스토텔레스의 고대 자연철학은 오직 철학적 사변으로 자연을 이해하고자 하였고, 아리스토텔레스의 권위와 전통에 의지하여 연역적인 논리 체계를 가지고 있었다. 이에 반하여 갈릴레오와 뉴턴의 근대과학은 베이컨의 경험철학에 의지하여 철저하게 귀납적인 과학적 방법론에 의하여 연구되었다.

따라서 아리스토텔레스의 연역적 논리 체계를 벗어나 과학적 방법론이 완전히 자리 잡은 근대과학혁명 이후의 과학적 발달은 거의 직선적이고 누적적으로 발달해 왔다고 보는 것이 더 타당하다. 자연에 대한 과학적 지식은 그때부터 20세기에 이르기까지 급격하게 발달하였지만, 세계관의 충돌은 거의 없었다.

20세기가 시작되면서 고전물리학으로 도저히 풀리지 않던 두 가지 수수께끼 가운데 흑체 복사 문제*가 막스 플랑크의 양자론으로 해결되고, 진공의 에테르 문제**가 아인슈타인의 상대성 이론으로 해결되면서 마침내 현대과학이 본격적으로 발달하기 시작하였다. 이때에는 과학자들이 앞다투어 현대물리학의 새로운 세계 속으로 뛰어들어 그 발전 속도는 가히 혁명적이었다. 전자의 발견, 양성자와 중성자의 발견, 원자 구조의 이해, 양자역학의 성립, 상대성 이론의 확립 등 대부분의 유명한 과학 이론이 이때 정립되었고, 수많은 노벨상 수상자들이 배출되었다.

또 1905년에 발표된 아인슈타인의 상대성 이론은 수천 년 내려온 시간과 공간의 개념을 완전히 바꾼 혁명적인 주장이었지만, 그

---

* 검은 물체라도 점점 온도가 올라가면 적외선을 내다가 가시광선, 자외선까지 방출한다. 이때 방출하는 파장과 온도의 관계가 실험적으로 잘 알려져 있던 것에 반해서 고전물리학적 이론으로는 설명하는 데 계속 실패하고 있었다.
** 19세기까지 과학자들은 빛이 파동의 일종이라는 것을 확신하고 있었고, 파동은 반드시 매질을 필요로 했기 때문에 진공 중에 자유롭게 진행하는 빛의 매질을 에테르라고 부르며 찾고 있었으나 실패하였다. 나중에 아인슈타인은 광양자 이론으로 빛은 매질이 필요 없다고 하였다.

와 관련하여 세계관의 충돌은 없었다. 과학의 내용은 고전과학의 패러다임에서 현대과학의 패러다임으로 변천하였지만, 과학적 방법론은 동일하였기 때문이다. 과학자들은 더 깊고 정확하게 시간과 공간의 본질을 이해하려고 노력하였으며, 일반인들은 다만 경이로운 눈으로 상대성 이론이 제시하는 새로운 우주를 이해하고 바라보았다.

아인슈타인은 상대성 이론을 통하여 우리의 시야를 넓은 우주 속으로 확장하였고, 과거에는 상상조차 할 수 없었던 빛의 속도로 움직이는 세계를 이해하도록 도와주었다. 현대물리학의 아버지라고 불리는 보어Niels Bohr는 원자론을 연구하여 인간의 지각이 미치지 못하는 미소한 원자의 세계를 이해하는 데 기여하였다.

보어가 고전물리학에는 전혀 없는 '양자화quantization'***라는 혁신적인 개념을 제시하여 원자 세계를 이해하는 양자역학의 길을 개척함으로써 고전물리학에 엄청난 충격을 주었던 20세기 초에도 패러다임 사이의 충돌이나 세계관의 충돌은 거의 없었다. 그 이유는 이미 근대과학의 발달 과정을 거치면서 과학적 방법론이 완전히 체계를 잡았기 때문이다. 과학자들이 새로운 이론을 이해하는 데 어려움을 겪은 것이지, 그 시대의 세계관적 충돌이 일어난 것은 아니었다.

20세기 초에는 상대성 이론과 양자역학이라는 두 개의 기둥 위에 현대과학의 기틀이 굳게 뿌리를 내렸고, 그 후 최근까지 100여 년의 짧은 기간에 과학기술이 급격하게 발전을 거듭하여 왔다. 상

*** 에너지가 연속적이지 않고 불연속적으로 존재하는 물리현상

대성 이론은 우주를 이해하고 설명하는 가장 중요한 이론적 바탕이 되었고, 양자역학은 원자와 분자를 정확하게 이해하고 반도체나 금속과 같은 물질들의 성질을 설명하는 데 성공함으로써 현대 정보기술 문명을 낳는 모체가 되었다.

근대과학혁명과 현대과학혁명을 거치면서 매우 성공적으로 과학기술이 발달해오고 있지만, 여전히 오늘날까지 수백 년에 걸쳐 서로 타협되지 않고 있는 우주에 대한 두 가지 관점이 있다. 하나는 자연주의적 우주관이고 다른 하나는 유신론적 우주관이다.[2)]

자연주의적 우주관

자연주의적 우주관은 멀리 고대 그리스의 철학적 사상으로까지 거슬러간다. 그리스 철학에서 우주는 신조차 그 속에 있으면서 자연의 법칙에 순응해야 하는 영원한 존재로 묘사된다. 신들의 아버지 아폴로조차도 이미 존재하는 우주 속에 있었으며, 그 외의 모든 신들도 우주 속에서 자연의 법칙 아래 활동하는 존재들일 뿐이었다. 우주는 시작도 없고 끝도 없이 그 자체로 영원하며 신들조차 초월한 존재였다.

현대 자연과학 속에 암묵적으로 들어 있는 우주와 생명을 포함하여 존재하는 모든 것을 오직 물질적 과정으로만 설명하고자 하는 자연주의 철학적 패러다임은 이 그리스적 자연주의 사상을 그대로 계승하여 왔다. 자연의 법칙 속에 기적이란 존재하지 않으며, 우리가 오늘날 보는 우주는 순전히 자연의 법칙만으로 발생하여 수백억 년의 세월을 거쳐 진화하여 왔다. 그 자연적 과정 속에 신이 끼어들 자리는 전혀 없다.

그런데 그리스 철학이 보았던 자연과 오늘날 현대과학이 보는 우주 사이에는 몇 가지 커다란 차이점이 있다. 그리스적 자연관에서 보는 우주는 영원히 원운동을 하며 불변의 모습을 유지하는 데 비해서, 오늘날 현대 천문학이 발견한 우주는 빅뱅으로부터 발생하여 지속적으로 팽창을 거듭해서 결국은 암흑 속으로 사라질 운명에 처해 있다.

최근의 천문학적 관측 결과에 의하면 지금의 우주는 멈추지 않고 지속적으로 팽창을 할 것으로 알려졌다. 이러한 팽창이 계속되면, 종국에는 은하와 은하 사이의 거리가 너무 멀어져서 서로를 볼 수 없게 되고, 우주는 텅 빈 공간 속으로 사라져버릴 것이 분명하다. 또한 은하 속에서 빛나는 별들도 그 에너지를 모두 소진하고 나면 초신성으로 폭발해서 사라지거나 점점 어두워지면서 그 빛이 모두 꺼져갈 것이다. 따라서 우주의 미래는 매우 암울하다. 빛이 꺼진 은하들과 깜깜한 허공만 남아 있는 어둠의 우주가 우리 우주의 미래가 될 것이다.[3]

이러한 현대의 천문학적 우주관과 그리스 사람들이 생각하였던 영원한 우주관 사이에는 커다란 차이가 있다. 우주의 미래에 대한 차이 외에 또 다른 차이는 우주의 기원에 대한 것이다. 그리스 사람들은 우주가 시작도 없고 끝도 없다고 생각하였다. 그러나 현대 천문학의 결론은 직선적으로 팽창하는 우주는 반드시 시작이 있을 수밖에 없다는 것이다.

인플레이션 빅뱅 이론은 우주가 시작이 있다는 사실을 분명히 했지만, 최근 더욱 깊이 있고 정밀한 분석에 의해 인플레이션 빅뱅으로부터 오늘날의 우주가 우연히 형성될 확률은 10의 300제곱 분의 1($1/10^{300}$)이라는 불가능에 가까운 확률을 갖는다는 사실이 발견되었다. 옥스퍼드 대학교의 저명한 이론물리학자 로저 펜로즈는 모든 정보를 다 고려하면 이 확률이 10의 1230제곱 분의 1($1/10^{1230}$)로 떨어진다고 하였다.[4]

또한 프린스턴 대학교 물리학과에서 알버트 아인슈타인 과학교수를 역임한 폴 슈타인하르트는 수십 년간 인플레이션 빅뱅 이론을 연구하면서 많은 논문을 발표하였는데, 결국 그는 이 이론을 포기하고 말았다.[5] 인플레이션 빅뱅 이론을 최초로 제안한 구스조차도 최근 다중 우주론으로 건너갔는데, 마치 폭포수 밑에서 물방울이 한 개만 존재한다는 것이 불가능하듯이, 우주에서 딱 하나 또는 한 번의 인플레이션만 일어나는 것은 불가능하므로 우주의 곳곳에서 수많은 인플레이션 빅뱅이 일어날 수밖에 없다는 것이다. 즉, 전체 우주 속에는 무한히 많은 아기 우주들이 존재한다고 믿는 것이 다중 우주론이다.

이러한 우주관의 변천사에서 반드시 주목하여야 할 것은 아무리 상이한 우주 기원에 대한 이론들이 나타났다가 폐기되고 또 새 이론들이 제시되어도 우주의 기원에 대한 자연주의적 세계관에 입각한 접근 방법은 끊어지지 않고 지속된다는 사실이다. 비록 우주에 대한 과학적 모델은 바뀌어도 우주는 저절로 순전히 물질적이고 자연적 과정에 의해서 존재하게 되었다는 자연주의 우주관은 여전히 불변이다. 뮌헨 대학교 교수인 뵈르너Boerner는 우주의 경이로움과 신비함뿐 아니라 현대물리학과 천문학이 경이로운 우주를 설명하는 데 근본적인 한계가 있다는 것을 잘 알고 있지만, '창조자 없는 창조'라는 자체 모순적인 말로써 여전히 우주와 생명에 대한 자연주의적 기원론에 대한 확신을 버리지 않았다.[6]

유신론적 우주관

이와 같이 고대 그리스로부터 지속적으로 내려오는 자연주의적 우주관과 마찬가지로 유신론적 우주관의 뿌리도 매우 깊다. 고대 그리스의 자연철학이 왕성하던 기원전 5~7세기보다 훨씬 이전에 이스라엘을 중심으로 히브리 사상이 완성되었다.

모세 오경에 기반을 둔 히브리 사상에 의하면, 우주는 신의 창조로부터 시작되어 종말로 이어지는 직선적 세계관으로 해석되었다. 창조주 하나님은 시간과 공간을 초월하여 존재하고, 물질 세계뿐 아니라 시간과 공간조차도 어떤 피조물로 간주되었다. 따라서 피조된 세계의 그 어떤 것도 창조주 하나님을 대신할 수 없으며, 인간은 모든 피조 세계를 다스리는 청지기로서 하나님-인간-피조 세계라는 계층적 구조를 갖기 때문에 인간은 해와 달과 별들을 포함하여 모든 피조 세계 위에 존재하는 것으로 이해되었다.

유신론적 우주관에 의하면, 일월성신을 비롯하여 눈에 보이는 그 어떤 것을 섬기는 것은 곧 우상숭배이며 십계명의 제1조를 어기는 가장 큰 죄에 해당되었다. 물질세계는 하나님의 뜻을 이루는 데 필요한 창조의 한 차원에 불과하며, 더 높은 영적 세계와 정신적 세계가 훨씬 중요하다고 보았다.

뉴턴을 비롯하여 근대과학의 발흥기에 기여한 수많은 유명한 과학자들이 유신론자들이었다.[7] 지동설을 제창한 코페르니쿠스와 관성의 법칙을 발견한 갈릴레이, 근대과학혁명을 완성한 뉴턴 모두 신실한 유신론자들이었다. 그 외에 기체의 법칙으로 보일의 법칙을 발견한 보일, 식물분류학을 정립한 린네, 산소를 발견한 프리스틀리, 원자론을 정립한 달톤, 전자기 유도법칙을 발견하여 전기문명의 발전에 가장 중요한 공헌을 한 패러데이, 마취제 발견으로 고통 없는 수술이 가능하도록 한 심프슨, 최초로 유전법칙을 발견한 멘델, 결핵 예방 백신을 발견하여 인류를 질병에서 건진 파스퇴르, 최초의 동력 비행 기술을 개발한 라이트 형제, 과학자이자 경험론 철학을 세워 근대과학 발전의 사상적 토대를 만든 프랜시스 베이컨, 맥스웰 방정식으로 전자기학을 완성한 맥스웰 등등 기라성 같은 수많은 과학자들이 신실한 유신론자들이었다. 이들은 중요한 과학적 발견을 통하여 사회의 발전에 기여하였지만, 우주가 물질로만 이루어져 있다는 자연주의적 사상은 거부하였다.

오늘날 현대 물리학과 천문학은 보고 느낄 수 있는 인간의 감각 세계를 완전히 벗어난 세계를 탐구하고 있다. 천문학은 현존하는 망원경 중에서 가장 멀리 볼 수 있는 허블 망원경으로도 볼 수 없는 수백억 광년 너머 미지의 우주와 100억 년 이전의 우주 초기를 탐구하고 있다. 이러한 세계를 더 멀리 자세하게 보기 위해서 최근 허블 망원경의 일곱 배에 달하는 제임스 웹 우주 망원경James-Webb Space Telescope, JWST이 제작되고 있다. 이 우주 망원경은 직경 6.5m의 크기로 지구로부터 150만km의 거리에 위치할 예정이다. 이 위치에서는 태양의 밝은 빛에 의한 방해를 최소화할 수 있으며, 또 우주먼지를 잘 통과하는 근적외선을 이용하여 허블 우주 망원경으로 보지 못하던 더 먼 곳의 은하나 빅뱅 직후의 우주 모습을 관측하는 것이 주 임무이다.

거대한 우주 탐구와는 반대 방향으로 원자나 분자와 같이 미소의 세계를 탐구하는 과학은 이제 원자를 구성하는 양성자, 중성자, 전자와 같은 소립자뿐 아니라 더 작은 쿼크의 세계조차 지나가서 물질을 구성하는 가장 작은 입자로 10의 33제곱 분의 1($1/10^{33}$)cm의 크기를 갖는 초끈superstring을 탐구하고 있다. 초끈의 세계는 너무 작아서 현존하는 어떠한 관측 장비로도 탐구가 불가능하다.

수백억 광년 너머 아직 빛조차도 가보지 못한 우주의 끝, 수백억 년 이전의 우주의 초기까지 거슬러 올라가는 과거, 그리고 어떠한 고배율의 현미경으로도 관측할 수 없는 극미의 세계를 탐구함에 있어서 과학자의 주관과 세계관이 그 어떤 때보다도 더 많이 영향력을 행사하고 있다. 탐구하고자 하는 세계는 매우 크고 넓고 깊은 데 비하여 아직 과학적 증거는 매우 부족하고, 측정 장비의 발달에도 불구하고 점점 측정 방법이 한계에 부딪침에 따라 점점 과학자들의 자연주의 철학적 성향이 강해지고 있다.

물질로 구성된 우주뿐 아니라 심지어 인간과 생명까지 포함하여 존재하는 모든 것을 물질로 환원시키는 환원주의적 과학 사상은 모든 과학계의 표준으로 자리 잡았으며, 우주에 대한 자연주의적 설명만이 유일한 과학적 이론으로 대우받고 있다. 인간의 정신세계 속에서 일어나는 복잡한 심리적 현상을 생물학으로 설명하고, 복잡한 생명현상들을 화학적으로 환원시키며, 화학적 현상들을 물리적으로 설명하려는 환원주의는 이제 자연과학의 대세가 되었다.

브라운Cynthia Brown은 빅뱅으로부터 시작해서 오늘날에 이르는 우주의 진화 역사, 46억 년에 걸친 생명의 진화 역사, 그리고 원시시대부터 오늘날 현대산업사회에 이르는 인류의 진화 역사를 자연주의적 관점에서 연결하여 《빅 히스토리Big History》라는 책을 출간하였다.[8] 이러한 자연주의적이고 환원주의적인 우주관을 바탕으로 쓰인 책 가운데 최근의 유명한 저서는 바로 2010년 발간된 스티븐 호킹의 《위대한 설계Grand Design》일 것이다. 이 책은 당시 세계적으로 주목을 받았지만, 반론도 거세게 일어났다. 특히, 옥스퍼드 대학 존 레녹스 교수는 《빅뱅인가 창조인가》라는 책을 통하여 핵심적 문제점들에 대하여 가장 자세하고 정확하게 비판하였다.[9]

스티븐 호킹의 '위대한 설계'

  근육 위축증인 루게릭병으로 투병하면서도 연구와 강연, 저술을 계속해온 불굴의 물리학자 스티븐 호킹은 믈로디노프와 함께 2010년 《위대한 설계》라는 책을 발간하여 전 세계적인 화제를 일으켰다.[10] 그가 이 책의 제목에 '설계'라는 이름을 붙여 마치 신의 창조의 의미를 함축하는 듯하지만, 실제로 그 내용의 핵심은 '우주는 신이 창조하지 않았다'는 것이다. 오히려 책 제목을 '위대한 설계'라고 함으로써 먼저 창조의 의미를 연상시킨 후, 철저하게 그것을 말살함으로써 역습의 효과를 내려고 한 것으로 보인다.

  호킹이 자신의 책에서 주장한 내용의 요점은 무엇인가? 그는 중력만 있으면 순전히 자연법칙에 의해서 오늘날의 우주가 출현할 수 있다고 주장하였다. 좀 더 구체적으로 들어가서, 그러면 어떤 자연법칙이 오늘날의 우주를 만들어 낼 수 있는가 하는 질문에 대해서 그가 들고 나온 비밀은 바로 다중 우주론이었다. 호킹 자신도 우주는 생명체가 존재하기에 너무 정교하고 미세하게 조정되고 설계되어 있어서 단 한 번의 빅뱅으로는 도저히 오늘날과 같이 생명체가 살 수 있는 우리의 우주가 나올 가능성이 없다는 것을 인정하였다. 그런 의미에서 호킹은 우주의 존재에는 신의 창조가 꼭 필요하다는 사실을 인정한 셈이다. 그런데 그가 신의 창조를 버리고 도망간 곳은 바로 다중 우주론이라는 피난처였다.

제4장에서 자세히 설명하였지만, 다중 우주론은 간단하게 말해서 전체 우주 속에는 우리가 보는 우주 이외에 다른 아기 우주 또는 거품 우주가 무한히 많이 존재한다는 신념이다. 지금까지 연구되어 온 표준 우주론에 의하면, 단 한 번의 빅뱅으로 생겨나서 약 138억 년 동안 끊임없이 팽창하면서 냉각되어온 단 하나의 우주, 즉 우리의 우주가 있을 뿐이었다. 이러한 일회적 빅뱅 이론에 대해서는 왜, 어떻게 빅뱅이 발생하게 되었는가 하는 철학적 질문이 생기게 되고, 자연스럽게 하나님이 우주를 창조한 과정이 바로 빅뱅이라고 보는 창조론적 해답이 힘을 얻었다. 실제로 최초로 빅뱅 이론을 주창한 르메트르는 신이 빅뱅을 이용하여 우주를 창조하였다고 보았다.[11]

호킹은 스탠퍼드 대학의 린데가 처음 제시한 혼돈 우주론으로부터 발전한 다중 우주론을 이용하여 철저하게 철학적인 세계관 속으로 들어가버렸다. 왜냐하면 다중 우주론은 지금까지 과학자들 사이에 정립된 과학 이론이 아니고, 과학적으로 증명 자체가 불가능한 가설이기 때문이다.

또 그는 《위대한 설계》 제1장에서 철학에 대해서 '죽었다'고 사망 선고를 내리고 자신의 사상을 전개하기 시작하였다. 아이러니한 것은 철학에 사망 선고를 내린 호킹 자신이 철저하게 철학적 방법론에 의지하여 자신의 주장을 펼쳤으며, 그것도 철저히 자연주의에 입각한 철학 사상을 펼쳤다는 것이다. 호킹은 다음과 같이 서두를 꺼내며 '위대한 설계'를 시작하였다.

> 우리가 속한 세계를 어떻게 이해할 수 있을까?
> 우주는 어떻게 움직일까?
> 실재의 본질은 무엇일까?
> 이 모든 것은 어디에서 왔을까?
> 우주는 창조자가 필요했을까?
> 왜 무가 아닌 유가 존재하는가?
> 왜 우리 인간이 존재하는가?
> 왜 다른 어떤 것이 아닌 특정한 법칙들이 있는가?
>
> 이런 질문들은 전통적으로 철학의 영역이었으나, 철학은 이제 죽었다. 철학은 현대과학의 발전, 특히 물리학의 발전을 따라잡지 못했다. 지식을 추구하는 인류의 노력에서 발견의 횃불을 들고 있는 자들은 이제 과학자들이다.[12]

이와 같이 호킹은 철학의 죽음을 선언하며, 자신의 무신론적이고 자연주의적 우주관을 펼치기 시작하였다. 이에 대해 존 레녹스는 호킹의 이러한 주장 자체가 이미 철학적이라는 것을 말함으로써 호킹의 자기모순을 정확하게 지적하였다. 또 레녹스는 노벨 생리의학상을 수상한 피터 메더워의 글을 인용하면서 "마치 과학이 모든 가치 있는 질문의 대답을 알고 있는 것처럼 말하는 것보다 더 빠르게 과학자나 과학이라는 학문을 망신시키는 일은 없다."고 비판하였다.[13]

실제로 위의 8가지 질문 가운데 두 번째 질문 "우주는 어떻게 움직일까?"를 제외하고는 모두 과학적으로 답할 수 없는 철학적 명제들이다. 호킹은 철학이 죽었다고 선언하고 나서 오히려 자기 자신은 철저하게 철학적으로 사고하고 있는 것이다. 그리고 자신의 무신론적 세계관에서 나오는 철학적 결론을 과학의 이름으로 포장해서 독자들에게 받아들일 것을 강요하고 있는 셈이다.

기원전 600년경에 활동한 과학철학자 탈레스로부터 지금까지 우주에서 신의 위치를 제거하려는 수많은 시도와 주장이 있어왔다. 그들의 주장의 요점은 한마디로 '틈새의 하나님 설 God of the gaps'이었다.

과거 자연현상의 원인에 대해 무지했던 시절, 사람들은 천둥, 화산 폭발, 지진, 홍수 등 거대한 자연재난을 신의 노여움으로 생각하였고, 화성이나 목성과 같은 행성의 운행을 통하여 신의 섭리나 미래를 점쳤다. 그러나 과학이 발달함에 따라 이런 자연현상은 자연법칙에 따라 발생하는 현상일 뿐 신과는 아무런 관련이 없다는 것이 점차 드러났다.

'틈새의 하나님 설'의 지지자들은 이와 같이 과학이 발달하면서 신의 자리는 점점 좁아져서 결국 사라질 것이고 그 자리를 과학이 채울 것이라는 것이다. 그들은 기독교의 하나님도 자연을 우상화한 이러한 신들과 동일 선상에서 함께 취급하였다.

그러나 레녹스는 '틈새의 하나님'은 곧 여러 우상들이었으며, 히브리인 지도자 모세가 그리스 시대보다 훨씬 오래 전에 《구약성경》에서 '우상에게 절하지 말고, 하늘의 해나 달이나 별을 섬기지 말라.'고 분명히 경고했다는 사실을 상기시켰다.

> 스티븐 호킹의 《위대한 설계》를 포함한 다른 과학 및 철학 서적들이 신에 대해 고대 그리스의 세계관이나 미신의 신을 전제로 하는 것은 폭이 좁은 부적절한 인식이다. 이런 책들은 으레 고대 그리스의 신화부터 시작해서 자연의 비신격화가 필요하다는 당위성을 누누이 강조한다. 그러나 희한하게도 고대 그리스 이전에 히브리인들이 자연의 우상화에 강하게 항거한 일에 대해서는 모두 입을 다문다. 그래서 사람들이 히브리인들의 유일신인 '창조주 하나님'에 대해 올바로 인식하도록 안내하지 못함으로써 '유일'이 '독선'이 되도록 방치했다.[14]

레녹스는 또 호킹이 개념상 하나님과 우상 신을 혼동하는 오류를 범하였다고 지적하였으며, 다음과 같이 그 차이를 명백히 하였다.

> 유일신 종교에서의 하나님은 '틈새의 하나님 설'에 등장하는 우상들처럼 인간의 과학이 발달함에 따라 그 영역이 차츰 좁아지는 존재가 아니라, 인간의 과학이 발달함에 따라 그 영역이 더욱 넓어지는, 인간을 통해 과학을 이루어가는 로고스의 존재이다.[15]

《위대한 설계》에서 호킹이 주장한 요점은 크게 두 가지로 말할 수 있다.

첫 번째는 '우주에는 중력의 법칙이 있기 때문에 우주는 무에서 스스로를 창조할 수 있었다.'는 것이다.

두 번째는 '전체 우주 속에는 수많은 아기 우주 또는 거품 우주가 끊임없이 나타나고 사라지기 때문에 우리의 우주는 수천조 개의 거품 우주 가운데 매우 운이 좋아서 생명체가 진화할 수 있었다.'는 것이다.

이 다중 우주론을 지배하는 법칙은 초끈 이론의 M 이론이며, 이것에 의해서 우주는 저절로 발생할 수 있다는 것이다.

이에 대해 레녹스는 호킹이 《만들어진 신》의 도킨스나 그의 옹호자들이 자주 빠지는 '범주 오류'에 빠졌다고 하였다. 범주 오류란 '다른 범주에 속하는 말을 같은 범주에 속하는 것으로 착각하는 오류'라는 뜻으로, 호킹은 하나님에 대한 인식적 오류로 인해서 하나님과 과학에 대해 논하는 중에 하나님과 물리법칙 중에 하나를 선택해야만 한다는 이분법적 상황 속으로 빠졌다는 것이다.[16]

레녹스는 다음과 같이 정확하게 지적하였다.

> 이론이나 법칙은 본질적으로 존재 이후의 현상을 논리적으로 체계화한 것이지 존재 이전의 원인을 규명한 것이 아니다. (중략) 물리법칙은 어떤 행위의 주체가 아니라 피행위의 산물이다. 호킹은 전적으로 피행위의 결과인 물리법칙과 인격적 행위를 서로 혼동하는 전형적인 오류를 범하고 있다.
> 예를 들어, 제트 엔진이 만들어진 배경을 두고 과학 법칙과 제트 엔진의 발명자인 프랭크 휘틀경 중 하나를 선택하라

고 하면 너무나 웃기는 일이 아니겠는가?

　　우주 탄생의 배경도 마찬가지이다. 하나님 역할설과 물리법칙 역할설은 서로 경합도, 선택도, 충돌도 아니다. 물리법칙으로 설명되는 세상을 애초에 만드신 분이 하나님이라는 점에서, 하나님이야말로 모든 의문의 실제적 근거가 된다.

　　그들은 자신들이 하나님을 배제한 것은 '통상적으로 과학적 사실의 문제'가 아니라 자신들의 '무신론적 세계관'이라는 사실 자체도 깨닫지 못한다.[17]

레녹스는 다시 유명한 영국의 소설가 겸 신학자 루이스Lewis의 말을 인용하여 자연법칙의 역할에 대해 다음과 같이 정리하였다.

　　자연법칙은 어떤 현상도 만들어 내지 못한다. 산술법칙이 모든 금전 거래에 따르는 패턴을 설명해주듯이, 자연법칙은 모든 현상에 수반되는 패턴을 설명해줄 뿐이다. 그러므로 어떤 법칙이 무엇을 초래할 수 있다고 생각하는 것은 마치 돈 계산을 하는 것만으로 진짜로 돈을 번다고 믿는 것과 같다.[18]

즉, 1+1=2와 같은 법칙으로는 무엇을 존재하게 하기는커녕, 이미 존재하는 것의 수수께끼조차 다 풀지 못한다는 것이다. 이 법칙으로는 내 은행 구좌에 단 100원도 입금해주지 못한다. 다만, 내 은행 구좌에서 금전 거래가 일어난 이후, 그것을 설명하는 데 유용할 뿐이다.

이와 같이 자연법칙도 무엇을 생기게 하거나, 존재하는 것의 수수께끼도 다 풀지 못한다. 자연법칙은 항상 제한적 범위 내에서 성공적으로 적용되어 왔고, 지금까지 끊임없이 수정되어 왔으며, 앞으로도 수정될 것이다. 오직 자연법칙이 할 수 있는 일이라고는 어떤 자연현상이 발생한 이후에 인간이 이해할 수 있도록 그것을 설명하는 것이다. 예를 들어, 번개가 치면 우리는 전기의 법칙으로 설명할 수 있지만, 전기의 법칙이 스스로 번개를 만들어 내지는 못하는 것과 같다.

호킹이 전적으로 의지하는 중력도 마찬가지이다. 이미 존재하는 별이나 지구와 같은 물체 사이의 상호작용을 중력으로 설명할 수 있지만, 중력이 별이나 지구를 존재하게 할 수는 없는 것이다. 중력만으로는 작은 티끌 하나도 저절로 생기게 할 수 없다.

호킹은 《위대한 설계》 제7장에서 우주에 대한 자신의 생각을 다음과 같이 말했다.

> 우주와 우주의 법칙들은 우리를 지탱하기 위해서 맞춤형 설계로 이루어졌다는 생각이 든다. 그 설계는 수정할 필요가 없을 만큼 정교한 것이어서 설명하기가 쉽지 않으며, (중략) 우주는 어떤 위대한 설계자가 창조했다는 해묵은 생각으로 복귀했다. 그 생각을 미국에서는 '지적 설계(intelligent design)'라고 부른다. (중략) 그러나 그것은 과학적인 해답이라고 볼 수 없다. 우리 우주는 각기 다른 자연법칙들을 지닌 수많은 우주, 즉 다중 우주 가운데 하나인 것으로 보이기 때문이다.[19]

분명한 것은 호킹 자신도 우리가 사는 우주의 정교한 구조와 운행법칙을 살펴볼 때 누군가 위대한 능력을 지닌 자가 설계하여 만든 것처럼 보인다고 느낀다는 점이다. 그럼에도 불구하고 그는 과학적 증거에 의해서가 아니라 자신의 무신론적 신념 때문에 우주를 신이 창조했다는 것을 인정할 수 없어서 결국 다중 우주론을 마지막 피난처로 삼았다.

그는 M 이론****에 의지하여 전체 우주 속에는 서로 자연법칙도 다르고, 발생하였다가 사라지는 시간도 다르고, 크기와 구조도 서로 다른 아기 우주 또는 거품 우주가 10의 500제곱 개(10^{500})나 존재할 가능성이 있기 때문에, 우리 인간이 존재 가능한 우주도 몇 개는 있을 것이라는 실낱같은 희망에 자신의 모든 것을 걸었다.[20]

여기에 대해서 레녹스는 호킹이 빠진 함정을 정확하게 지적하였다.

> 이번에는 그 선택이 하나님이냐 다중 우주냐의 문제로 바뀌었을 뿐이다. 개념상으로 볼 때, 많은 사람들이 생각하는 하나님은 마음 내키는 대로 수많은 우주를 만드실 수 있는 분이다. 그렇기 때문에 다중 우주는 하나님을 배제하지도, 배제할 수도 없다.[21]

또 다른 저명한 이론물리학자인 존 폴킹혼은 아예 다중 우주 개념 그 자체를 부인하였다.

> 다중 우주는 다만 추론일 뿐이다. 엄밀히 따지면 이런 추측들은 물리학이 아니라 형이상학이다. 우주가 여러 개라는 주장은 그것을 믿을 만한 과학적 근거가 전혀 없기 때문이다. 다중 우주론에서 말하는 다른 세계는 구체적으로 알 수가 없

**** 물질의 궁극의 구조를 탐구하는 초끈 이론의 6가지 종류를 11차원으로 확장하여 통합한 이론

는 세상이다.[22]

사실 오늘날 이론물리학은 너무 복잡한 수학 체계와 추상적 영역으로 들어가버렸기 때문에 비록 물리학을 전공한 과학자라 할지라도 동일 전공 분야의 전문가가 아니면 서로 대화하기조차 어렵다. 11차원의 존재를 가정하는 초끈 이론과 M 이론은 해당 분야를 전공하지 않는 다른 물리학자는 물론 심지어 같은 분야를 연구하는 물리학자 사이에서조차 엄청난 견해 차이를 나타내고 있으며, 그 분야의 지식이 없는 사람들은 그 논쟁에 끼어들 여지조차 없다.

M 이론은 11차원의 시공 속에 있는 10의 33제곱 분의 1(10^{-33}) cm라는 지극히 작은 진동하는 끈이 바로 물질의 최소 단위라고 하는 가설 위에 세워진 초대칭 중력이론이다. 호킹은 이것이 바로 '아인슈타인이 발견하고자 했던 통합 이론'이라고 자신 있게 말하고 있다.

호킹이 가설적이고 미완성일 뿐 아니라 증명 자체가 불가능한 초끈 이론과 M 이론을 들고 나오는 마당에 누가 그것의 오류를 지적할 수 있겠는가? 그럼에도 불구하고 호킹은 이러한 이론들을 가지고 일반인들을 상대로 다중 우주를 확신 있게 설득하고 있다. 여기에 대한 가장 적절한 대처 방법은 바로 같은 분야 전문가들의 의견을 들어보는 것이다.

영국 서레이 대학에서 이론물리학을 가르치는 짐 알칼릴리 교수는 "M 이론이 실험을 통해 검증될 수 없다면 과학 이론으로 볼 수조차도 없다. 이 이론은 당장 수학적으로 그럴싸하게 보이지만 아직은 수많은 만물 이론 후보 중 하나에 불과하다."라고 일축하였다. 또 옥스퍼드의 로저 펜로즈는 다음처럼 초끈 이론에 대해서 말했다.

> 특히, 끈 이론과 같이 눈으로 볼 수 없는 것은 근거가 없기 때문에 믿기 어렵다. 그렇다면 그것은 과학 이론이 아니라 그냥 아이디어일 뿐이다. M 이론을 검증해볼 방법은 없다. … 그것은 그저 단순히 많은 아이디어 가운데 하나이거나, 희망이거나, 소망의 종합세트 같은 것일 뿐이다. 그 책은 우리를 현혹하고 있다.[23]

우주 물리학자 폴 데이비스도 다중 우주론에 대해서 다음과 같이 말했다.

> 다중 우주를 설명하려는 M 이론은 자연신론에 과학이라는 용어의 옷을 입힌 하나의 이론에 지나지 않는다.[24]

이와 같은 전문가들의 의견을 종합해보면, 호킹은 과학적으로 완전히 체계를 갖춘 이론으로 인정받지도 못하고, 실험적으로 검증할 방법도 전혀 없으며, 11차원의 수학적 논리에만 의존하는 초끈 이론과 M 이론에 의지하여 10의 500제곱(10^{500}) 개나 존재 가능한 다중 우주 가운데 정말 운 좋게 우리의 우주가 존재하게 되었다는 것을 믿고 있는 셈이다.

정리하자면, 호킹이 《위대한 설계》에서 주장한 우주론은 세 가지 근본적인 오류에 빠져 있다. 첫째는, 그는 철학은 죽었다고 선언하고 나서 앞으로 우주의 기원에 대한 인간의 질문은 물리학만

이 대답할 수 있다고 하였지만, 그 후 그가 전개한 논리는 과학적이 아니라 철저히 철학적이다. 그가 제기한 8가지 질문 가운데 7가지는 과학의 탐구 영역이 아니다.

둘째로, 호킹은 우주의 기원에 대해서 하나님 대 자연법칙이라는 논리 구조를 가지고 자연법칙만 있으면 충분하다고 하였는데, 이것은 많은 자연주의자들이 자주 빠지는 범주의 오류에 해당한다. 자연법칙은 철저하게 후행적이며, 먼저 존재하는 물질 사이에 발생하는 자연현상을 인간이 이해할 수 있도록 설명하는 것이다. 마치 회계 이론을 통하여 금융 거래를 기록하고, 알기 쉽도록 정리하고 설명하듯이, 자연법칙은 먼저 존재하는 자연현상을 나중에 설명하는 것이다. 회계 이론만으로는 은행 구좌에 돈이 생기게 할 수 없듯이, 자연법칙으로는 티끌 하나도 저절로 생기게 할 수 없다.

또 기억하여야 할 것은 자연법칙은 절대로 하나님과 대립되거나 하나님의 창조를 대체할 수 없다는 사실이다. 하나님의 창조라는 말의 논리적 의미에 포함되는 것들은 물질뿐 아니라 그 속에 자연법칙도 포함되기 때문이다. 그리고 설령 호킹이 최종적으로 의지하는 M 이론이 나중에 사실로 증명된다고 하여도 그것이 하나님을 배제할 수 없다. 여전히 M 이론은 어디서 왔는가 하는 질문이 제기될 뿐 아니라, 하나님은 우주 창조 과정에 M 이론도 함께 창조할 가능성이 충분히 열려 있기 때문이다.

세 번째로, 호킹의 오류는 바로 과학과 세계관에 대한 혼돈이다. 실험실에서 오랜 기간 검증되어 온 과학 이론조차도 조건과 상황이 바뀌면 수정되는 경우가 많다. 300년 가까이 빈틈없이 정확하게 적용되어 오던 뉴턴의 고전물리학도 빛과 같이 빠른 속도에 접근하거나 원자와 같이 극미의 세계에서는 전혀 작동하지 못한다. 수백 년의 시간을 거치면서 잘 검증된 과학 이론도 완전하지 않은데, 하물며 과학자들 사이에 커다란 의견 차이가 현존하고 있고, 과학적으로 검증하는 것이 원리적으로 불가능한 데다, 10의 500제곱 개나 되는 우주를 상상하는 호킹의 다중 우주론은 과학이라기보다는 어느 과학자가 꿈꾸는 하나의 세계관이다. 호킹은 이러한 개인적 세계관과 과학을 혼동하고 있는 것이다.

오히려, 오늘날 우리가 관측할 수 있는 놀랍고 정교한 우주를 창조할 능력을 가진 창조주 하나님은 마음만 먹으면 언제든지 호킹의 다중 우주도 창조할 수 있다고 믿는 것이 더 나을 것이다. 자동차를 만들 능력을 가진 사람은 언제든지 설계를 조금 바꾸어 다른 모델의 자동차를 만들 수 있다. 하나님도 언제든지 여러 개의 우주를 만들 수 있지만, 자신이 우주를 창조한 목적을 달성하는 데 하나의 우주로 충분하기 때문에 다중 우주를 만들지 않았을 뿐이다.

이와 같이, 하나의 우주를 보고도 두 가지의 서로 대립되는 우주관이 존재하며, 각각 마음속에 그리는 우주의 모습도 상이하다. 비록 과학의 이름으로 창조자를 거부하고, 순전히 자연법칙만으로 이 거대한 우주의 기원을 설명하려고 노력하는 자연주의적이고 환원주의적 시도는 하나님을 믿는 것보다 더 큰 무신론적 신앙을 요구하게 된다.

우상이 아니라 로고스, 즉 말씀이자 인격적인 창조자 하나님을 믿는 것은 우주의 기원과 자연법칙의 기원에 대해서 더욱 신뢰할 만한 논리적 결론에 다다를 수 있다. 이에 대해서 존 레녹스는 다음과 같이 말하였다.

기독교 신자인 필자는 과학법칙이 지닌 오묘함 때문에 오히려 지성적이며 존귀하신 하나님에 대한 믿음을 더욱 굳건히 하게 되었다. 그렇기 때문에 과학에 대한 이해가 깊어질수록 하나님에 대한 믿음 또한 더욱 깊어진다.[25]

1) 토머스 쿤 지음, 김명자·홍성욱 옮김, 《과학혁명의 구조》, 까치, 2013.
2) 제임스 사이어, 《기독교 세계관과 현대사상》, 한국기독학생회 출판부(IVP), 2007.
3) Lawrence M. Krauss and Robert J. Scherrer, "The End of Cosmology," Scientific American, p. 35, Mar. 2008.
4) 리 스트로벨, 《창조설계의 비밀》, 제6장, 두란노, 2005.
5) Paul Steinhardt, "Quantum Gaps in Big-Bang", Scientific American, April, 2011.
6) 게르하르트 뵈르너 지음, 전대호 옮김, 《창조자 없는 창조》, 해나무, 2009.
7) 조덕영, 《위대한 과학자들이 만난 하나님》, 예영, 2007.
8) Cynthia S. Brown, *Big History*, A Caravan Book, 2007.
9) 존 레녹스 저, 원수영 옮김, 《빅뱅인가 창조인가》, p.30, 프리윌, 2013.
10) 스티븐 호킹, 믈로디노프, 《위대한 설계》, 까치글방, 2010.
11) en.wikipedia.org, "Georges Lemaitre"
12) 호킹 ibid, p.9.
13) 존 레녹스, ibid, p.30.
14) 존 레녹스, ibid, p.45.
15) 존 레녹스, ibid, p.47.
16) 존 레녹스, ibid, p.65.
17) 존 레녹스, ibid, p.66.
18) 존 레녹스, ibid, p.74.
19) 호킹, ibid, p.207.
20) 호킹, ibid, p.150.
21) 존 레녹스, ibid, p.89.
22) 존 레녹스, ibid, p.91.
23) 존 레녹스, ibid, p.101.
24) 존 레녹스, ibid, p.97.
25) 존 레녹스, ibid, p.131.

제2부

창조론적 우주론

제6장
우주에 나타난 창조의 증거들

미세 조정된 우주

최근 과학자들은 우연으로 보기에는 거의 불가능할 정도로 우주의 존재 그 자체가 매우 특이하다는 사실을 발견하였다. 지금까지 물리학자들은 물질의 구조와 성질에 대해서 많은 지식을 축적하였다. 칼 세이건Carl Sagan은 "우주는 늘 그래왔고, 앞으로도 늘 그럴 것이다."라는 말로 우주 속에는 별로 놀랄 만한 일이 없고, 자연적으로 발생하는 일들이 계속 진행될 것이라고 하였다.

표 1 우주의 물리 상수의 미세 조정

변수	최대 허용 가능한 편차
전자와 양성자의 질량비	$1 : 10^{37}$
전자기력과 중력의 비	$1 : 10^{40}$
우주의 팽창 비율	$1 : 10^{55}$
우주의 밀도	$1 : 10^{59}$
우주 상수 값	$1 : 10^{120}$

그러나 1996년 칼 세이건이 죽은 이후로 물리학과 우주론에서의 새로운 발견들로 인해서 세이건의 주장은 신뢰성을 잃기 시작하였다. 빛의 속도나 전자의 질량과 같은 물리 상수들을 조사해본 결과 물리학자들은 우주가 상상을 초월할 정도로 정밀하게 조정되어 있다는 것을 발견하였다. 표 1은 중요한 미세 조정의 몇 가지 예를 든 것이다. 여기서 최대 허용 가능한 편차는 현재의 우주 속에 별과 은하들이 존재할 수 있거나 어떠한 형태의 생명체들이 존재할 수 있게 하는 최대 허용 편차를 나타낸다. 원자를 구성하는 전자와 양성자의 질량 비율은 기본적으로 1,837배인데, 만약 이 값에서 $1/10^{37}$만큼만 차이가 나도 우주는 존재가 불가능해진다.

마찬가지로 우주의 4가지 근본적인 힘 가운데 전자기력과 중력의 비가 $1/10^{40}$만큼 차이가 나도 생명체가 존재할 수 없게 된다. 이 값이 어떤 의미인지 실감나게 설명하자면, 우주 이 끝에서 저 끝까지 직선의 자를 설치하고 그 중심에 바늘을 두었다고 가정하자. $1/10^{40}$의 확률이란 이 바늘을 1cm만 움직여도 우주가 존재할 수 없다는 뜻이다. 약 수억 광년이란 거대한 크기의 우주도 숫자로 표시하면 10^{26}m 정도이기 때문에 10^{40}이란 숫자는 우주보다도 10조 배 더 큰 숫자이다.

이러한 우주와 생명의 미세 조정에 대해서는 오늘날 대부분의 과학자들이 잘 인식하고 있다. 영국의 왕립학회에서 패러데이 상을 받고 영국물리학회에서 켈빈 상을 받은 유명한 천체 물리학자 폴 데이비스 Paul Davies(1946~)는 다음과 같이 말하였다.

내가 볼 때 모든 존재의 뒤에서 작용하는 어떤 것이 있다는 강력한 증거가 틀림없이 있다. 마치 누군가가 우주를 만들기 위해서 자연의 숫자를 정교하게 맞춰놓은 것처럼 보인다. 우주가 설계되었다는 느낌이 너무 강하다.[1]

노벨 물리학상을 받은 스탠퍼드 대학교의 숄로Schawlow 교수는 말하였다.

> 생명의 놀라움과 우주를 직면할 때, 단지 '어떻게'라는 질문뿐 아니라 반드시 '왜'라는 질문을 해야 할 것이다. 그리고 유일한 대답은 종교적이다. … 우주와 내 자신의 생명에 있어서 나는 하나님이 반드시 필요하다는 것을 깨닫는다.[2]

옥스퍼드 대학교의 저명한 물리학자 로저 펜로즈는 여러 우주의 매개변수를 다 고려하면 우주가 10의 1230제곱(10^{1230}) 분의 1에 해당하는 미세 조정이 필요하다고 하였다. 이 값은 그 수를 다 쓰는 것조차 불가능할 정도로 고도의 정밀도를 의미한다. 우주 전체에 있는 수소 원자의 수가 10의 80제곱(10^{80}) 개에 불과하다는 것을 생각한다면, 이 정도의 미세 조정은 우연적 과정으로는 절대로 달성 불가능하다.

우리가 빅뱅 이론이 제시하는 138억 년의 우주 역사를 그대로 받아들인다고 하여도 오늘날의 우주가 존재하기 위해서는 상상을 초월한 미세 조정이 필요하다. 138억 년이 아니라 1,380억 년의 시간을 주어도 우연히 발생할 수 없는 것이 우리의 우주이다. 우주는 결코 우연에 의해서는 존재가 불가능하며 오직 신적 창조를 통해서만 존재할 수 있다. 빅뱅 초기에 물질의 밀도 불균일성은

1/100,000 정도인데, 만약 이 값이 조금만 작으면 우주는 별과 행성과 생명체가 없는 가스로만 존재하게 될 것이고, 만약 조금만 더 크면 우주는 거대한 블랙홀로만 가득 차 있을 것이다.

우리는 별의 중심부에서 수소가 헬륨으로 융합되면서 빛을 내는 것을 잘 알고 있다. 이때 수소 질량의 0.7%가 에너지로 전환된다. 만약 이 값이 0.6%였다면 우주는 수소로만 구성되어 무거운 원소들이 생길 수 없고, 바위나 행성이나 생명체는 존재 자체가 근원적으로 불가능하였을 것이다. 만약 이 값이 0.8%였다면 핵융합이 너무 강렬하게 발생하여 빅뱅 초기에 수소가 다 소진되어 태양이나 지구 같은 것은 생길 수가 없었을 것이다.

앞에서는 대표적인 매개변수 몇 가지만 소개하였지만 실제로 오늘날 관찰되는 우주와 생명체가 존재하기 위해 정밀하게 조정이 필요한 물리적 또는 우주론적 매개변수는 30가지가 넘는다. 이러한 것을 모두 고려한다면 우주가 존재하는 것 자체가 기적이고, 그 우주 속에 생명체가 존재하는 것은 기적 중의 기적이라고 할 수 있다.

자동으로 작동되는 첨단 자동차 조립 공장을 생각해보자. 먼저 우리는 그 공장이 매우 거대하고 복잡하다는 것에 놀란다. 수백 대의 로봇들이 일렬로 나란히 서서 컨베이어 벨트를 따라 이동하는 자동차를 조립하고 있다. 어떤 로봇은 타이어를 끼우고, 어떤 로봇은 납땜을 하고, 어떤 로봇은 엔진을 조립한다. 더욱 놀라운 것은 이 첨단 공장 내에 사람이 전혀 없이 자동으로 돌아가고 있다는 것이다. 더욱 놀라운 일은 우리가 공장 조립 라인을 둘러보고 중앙 통제실에 들어설 때이다.

여러 대의 대형 컴퓨터가 쉴 새 없이 돌아가면서 정밀한 계산을 수행하여 로봇에 명령을 내리고 있는 것을 볼 수 있다. 또한 수많은 스위치와 온도조절장치, 전압조절장치, 압력조절장치 들이 정교하게 맞춰져 있는 것을 발견할 수 있다. 만약 우리가 그러한 스위치 가운데 아무것이나 꺼버리거나 조절장치의 설정된 값을 마음대로 조금만 바꾸어도 그 공장에는 큰 혼란이 발생하고 공장은 곧 멈추어서고 말 것이다.

만약 두 원숭이가 이러한 첨단 자동 조립 공장을 본다고 해보자. 한 원숭이는 "이 공장을 만든 이도 없고 조종하는 이도 없으니 이 공장은 저절로 이와 같은 정교한 값에 맞춰져서 돌아가고 있다."고 주장할 수 있고, 다른 원숭이는 "아니다. 우리가 알지 못하는 능력자가 있어서 그가 이 모든 것을 만들고 모든 조절장치를 정밀하게 맞춰 놓았다."고 주장할 수 있을 것이다.

오늘날 과학자들 사이에서도 이와 비슷한 일이 벌어지고 있다. 정교하게 맞춰진 우주와 자연을 보고 모든 것이 자연법칙과 우연에 의하여 이루어졌다고 주장하는 물질주의자 또는 자연주의자가 있는 반면에 하나님의 창조를 인정하는 유신 과학자들이 있다.

우주의 이러한 정교한 미세 조정에 대해서 스티븐 호킹과 같은 자연주의자들과 진화론자들은 다중 우주론을 이용하여 문제를 해결하고자 시도하고 있다. 그들은 주장한다.

> 우주를 현재와 같은 모습으로 만든 어떤 원리가 있는데, 단지 아직 발견되지 않을 수 있다. 물리학자들이 그토록 오랫동안 찾아온 가상적인 '만물의 이론(Theory of Everything)'이 정확한 수치의 물리학 매개변수들을 만든 것으로 드러날 수

도 있을 것이다.[3]

이에 대해서 물리학, 수학, 철학을 공부한 미사이어 대학 교수 로빈 콜린스Robin Collins 박사는 이 주장이 오히려 하나님이 우주를 정밀하게 조정하여 창조하였다는 것을 더 강화하는 것이라고 반박하였다. 각각의 개별 조정장치를 조정하는 것도 어렵지만, 수많은 다이얼들이 특정한 값을 갖도록 하는 만물의 이론을 만드는 일이 훨씬 어렵기 때문이다.

앞의 조립 공장 예에서 살펴보듯 공장 제작자가 각각의 조절장치를 직접 설정하는 것이 쉬운가, 아니면 어떤 매우 뛰어난 슈퍼 로봇을 만들어서 그 슈퍼 로봇이 공장의 모든 조절장치를 설정하는 것이 쉬운가? 물론 전자가 훨씬 쉽다. 공장을 모두 조절하는 슈퍼 로봇을 만드는 것은 공장을 직접 만드는 것보다 더 어렵다. 그런 능력을 지닌 슈퍼 로봇이라면 공장을 설계하고 제작한 사람만큼이나 뛰어난 능력을 가지고 있어야 할 것이다. 마찬가지로, 초끈 이론에서 추구하는 궁극의 이론인 '만물의 이론'이 비록 발견된다고 하여도 여전히 누가 이 놀라운 '만물의 이론'을 만들었느냐는 더 어려운 문제만 남을 뿐이다.

스탠퍼드 대학 물리학 교수인 안드레이 린데는 1984년 '카오스 인플레이션 우주론'을 제안하고 다중 우주론을 주장하였다. 그의 다중 우주론에 따르면, 우주 속에서는 매우 불규칙하게 엄청난 수의 아기 우주가 무작위로 발생한다. 각각의 아기 우주는 빅뱅과 같은 시작이 있고 다양한 크기를 가질 뿐 아니라, 그 속의 물리적 상수도 다르기 때문에 각각의 아기 우주들은 전혀 다른 모습을 나타낸다.

이렇게 무한히 발생하는 아기 우주 가운데 생명체가 존재할 수 있는 적합한 조건을 갖는 몇몇 우주가 저절로 탄생할 수 있기 때문에 우주가 설계되었거나 창조되었다고 볼 수 없다는 주장이다. 그러나 로빈 콜린스 박사는 린데의 다중 우주론이 오히려 설계를 더 지지하며, 창조에 대한 설계의 논증은 전혀 훼손되지 않는다고 하였다.

하나의 우주를 만드는 데에도 엄청난 에너지와 미세 조정이 필요한데, 그러한 우주를 10의 500제곱(10^{500}) 개나 만드는 어떤 '다중 우주 제조기'가 있어야 한다. 이 '다중 우주 제조기'는 각각의 우주에 에너지를 공급할 메커니즘을 갖추고 있어야 하고, 인플레이션 장field의 에너지를 보통의 질량과 에너지로 전환하는 메커니즘이 있어야 하며, 수많은 우주 가운데 물리적 상수 또는 매개변수들을 바꿀 수 있는 메커니즘도 있어야 한다.

그뿐 아니라, 우주를 작동시키는 여러 물리 법칙들도 제자리를 잡고 있어야 한다. 양자화 법칙, 파울리 배타 원리, 만유인력 등 주요 법칙들도 각각의 우주에 적합하도록 서로 다른 형태로 자리를 잡아야 그 우주가 작동할 수 있는 것이다. 또 우주 상수는 매우 미세하게 조정되어 있기 때문에 생명체가 살 수 있는 우주가 최소한 한 번이라도 제대로 나오려면 10의 500제곱(10^{500}) 개의 우주를 만들어야 한다.

결국 자연주의자들은 하나님의 창조와 설계 논증을 회피하기 위해서 다중 우주라는 개념을 들고 나왔지만, 오히려 문제를 더 어렵게 했을 뿐이다. 우리가 보고 있는 하나의 우주도 제대로 이해하지 못하고 있는데, 수백억 개의 다른 우주까지도 설명해야 하고,

그러한 다중 우주를 만들어 내는 과학적 메커니즘도 밝혀야 하기 때문이다. 콜린스는 말한다.

> 우리는 지적 존재가 미세 조정된 장치를 만든다는 것을 잘 알고 있습니다. 우주 왕복선, 텔레비전, 자동차 등을 보세요. 우리는 지성이 복잡하고 정밀한 기계를 만드는 것을 항상 봅니다. 즉, 우주의 미세 조정에 대한 설명으로 초지성 또는 하나님의 존재를 가정하는 것이 가장 합리적입니다.
> 미세 조정은 그분이 존재하고, 세상을 창조하였고, 따라서 우주에는 목적이 있다는 결론을 내리도록 분명하게 도와줍니다. 하나님은 우주를 지적 생명체의 거처로 매우 세심하고 너무도 정밀하게 만들었습니다.[4]

태양과 지구에 새겨진 창조의 흔적

우리는 과학 교과서에서 태양은 평범한 여러 별 가운데 하나이고, 그 태양 근처에서 우연히 형성된 하나의 행성이 지구이며, 그 지구 위에 매우 운이 좋게 생명체가 진화해왔다고 배웠다. 또 지구의 나이가 46억 년이라고 배웠다. 그리고 우주 도처에 흩어진 수많은 행성 가운데 적당한 환경만 주어지면 저절로 생명체가 진화한다고 생각하여 왔다. 천체 생물학자 데이비드 달링David Darling은 다음과 같이 말하였다.

적당한 에너지원과 집중적으로 공급되는 탄소 기반 유기물, 그리고 물이 함께 있는 곳에서는 필연적으로 생명이 생겨난다. 이런 성분들은 우주 공간에 편재한 듯하며, 그 결과 적어도 미생물은 곳곳에 있다.[5]

이러한 주장 속에는 태양, 지구, 생명체 그리고 인간까지도 별로 소중하거나 특별함이 없는 존재라는 전제가 깔려 있다. 칼 세이건은 《푸르고 창백한 점Blue pale dot》이라는 책에서 지구는 우주에서 볼 때 하나의 먼지만큼 작고, 그 속에서 일어나는 인간의 모든 삶과 역사는 무의미하다고 하였다.[6] 또한 우리의 무의식은 '스타 트렉', '에일리언', 'E.T.', '스타워즈'와 같은 공상과학소설이나 영화에 의하여 우주의 수많은 행성에 생명체가 살고 있고, 그 가운데 고도의 지성을 갖춘 생명체들도 적지 않다고 세뇌되어 왔다.

1961년 프랭크 드레이크Frank Drake는 우리 은하계 내에 통신을 할 정도의 지능 있는 생명체가 존재 가능한 행성을 찾는 하나의 가이드라인으로 드레이크 방정식을 제안하였다. 그 방정식과 각각의 기호의 의미는 다음과 같다.

$$N = R \cdot f_p \cdot n_e \cdot f_l \cdot f_i \cdot f_c \cdot L$$

N : 우리 은하계 내에서 전파 통신이 가능한 문명의 수
R : 우리 은하계 내에서 별이 형성되는 평균 비율
f_p : 행성을 가진 별의 비율
n_e : 행성을 가진 별 하나당 생명을 유지할 수 있는 행성의 수
f_l : 어떤 시점에 생명체가 진화할 수 있는 행성의 비율
f_i : 문명을 발달시킬 수 있는 행성의 비율

f_c : 우주로 자신의 존재를 알릴 수 있는 기술을 가진 문명의 비율

L : 이 문명이 우주 공간 속으로 검출 가능한 신호를 발생하는 기간

드레이크와 세이건은 위의 공식을 사용하여 우리 은하계 내에만 해도 문명을 가진 행성이 수백만 개나 될 것이라고 주장하기도 했다. 그러나 실제로 위의 여러 조건 가운데 대부분은 전혀 알려지지 않았거나 알 수 없는 것들일 뿐 아니라, 생명체가 저절로 진화하는 행성의 비율 같은 것은 실제로 제로이기 때문에 드레이크 방정식의 답은 제로라고 할 수 있다. 드레이크 방정식에서 여러 변수 가운데 하나만 제로가 되어도 그 결과는 제로이기 때문이다.

최초로 실험실에서 메탄, 암모니아, 수소 등으로부터 아미노산을 합성하는 데 성공한 밀러Miller와 유리Urey의 실험 이후, 지금까지 화학진화를 광범위하게 연구한 결과 최초의 생명의 기원은 전혀 밝혀지지 않았으며 점점 더 미궁 속으로 빠져들고 있다. 자연적으로는 단백질 분자 하나도 우연히 발생할 수 없으며, 정보를 저장하고 전달하는 DNA 역시 절대로 저절로 발생할 수 없다는 것이 확인되고 있다. 즉, 창조에 의하지 않고서는 생명체가 저절로 발생하는 것이 불가능하다는 사실이 밝혀지고 있는 상황에서 드레이크 방정식은 무의미한 추론일 뿐이다. 그뿐 아니라, 최근 현대과학에서도 우리가 살고 있는 지구와 우리에게 에너지를 공급하는 태양이 매우 특별하고 미세 조정되어 있어서 지구와 태양과 같은 시스템이 우연히 존재할 수 없다는 사실이 속속 확인되고 있다.

최근 미국의 유명한 대중 과학지인 〈사이언티픽 어메리컨Scientific American〉에서 우주가 너무나 무시무시하고 위험하기 때문에 생명체가 존재하기 어려울 뿐 아니라, 지구가 얼마나 최적의 위치에 최적의 별과 결합되어 있는지 소개하였다. 천문학에서는 '생명안전지대'라는 개념이 정립되었다. 어느 행성에 생명체가 안정적으로 존재하려면, 해당 별이 은하 안에서 '안전지대'에 위치해야 할 뿐 아니라, 그 행성이 해당 별로부터도 '안전지대'에 위치해야 한다는 것이다.[7]

타원은하의 경우 모든 별들이 불규칙하게 타원궤도를 그리고 있고, 서로 궤도 간섭이 일어나서 궤도가 안정적이지 못하여 안전한 생명 조건을 만족하지 못한다. 따라서 우주 속에서 전체 은하의 약 절반을 차지하는 타원은하는 모두 배제된다. 가장 안정한 나선은하 역시 그 중심부에는 거대한 블랙홀이 있고, 수많은 별들이 높은 밀도로 모여 있어서 궤도가 매우 불안정하다. 그뿐 아니라 별과 은하의 중심부로부터 뿜어져 나오는 강력한 방사선 에너지로 인하여 은하의 중심부로부터 반경의 1/2 이내에는 어떠한 생명체도 존재할 수 없다. 또 은하 중심부로부터 반경의 1/2 외부라고 하더라도 나선 팔에서는 별의 밀도가 너무 높아서 생명 안전의 조건이 만족되지 않는다. 은하의 너무 가장자리는 중원소의 양이 너무 적어서 행성이 생기기 어렵다. 그나마 가장 적합한 장소가 나선은하의 중심부로부터 반경의 약 2/3 지점에 나선 팔의 약간 변두리 지점으로, 바로 태양이 이 지점에 정확히 위치해 있다.

우리 은하는 여러 은하들 가운데 가장 크고 밝은 상위 1~2%에 속하는데, 은하가 클수록 행성을 형성하기에 유리하도록 중원소를 많이 함유하고 있다. 이는 은하들 대부분은 생명체에 필요한 중원소를 충분히 함유하고 있지 못하다는 뜻이기도 하다.

　지구에 생명이 살 수 있도록 따뜻한 열과 빛을 오랜 세월 동안 안정적으로 공급하는 태양에 대해서 그동안 늘 별 볼 일 없는 수많은 별들과 다른 점이 별로 없는 평범한 항성이라고 말하여 왔다. 그러나 최근 태양이야말로 정말 진기한 별이라는 사실이 점점 밝혀지고 있다.

　은하계 내에서 별들은 약 50%가 쌍성으로 구성되어 서로 공전하는 시스템으로 존재하고, 나머지 50%는 단독으로 존재한다. 쌍성계는 행성의 궤도가 너무 불안정하여 생명체를 유지시킬 수 있는 안정한 환경 조건을 제공할 수 없기 때문에, 혼자 있는 단성이어야 안정된 행성을 거느릴 수 있다. 또 별들의 80%는 태양보다 훨씬 질량이 작고 어두워 생명체에 필요한 환경을 제공하기 힘든 적색왜성들이다. 나머지 8~9%도 태양보다 작은 G형 왜성에 속한다. 즉, 별들 가운데 약 89%는 너무 어두워 생명체에 필요한 환경을 제공할 수 없다. 반대로 태양보다 큰 항성들은 너무 빨리 타서 수명이 짧을 뿐 아니라 밝기 변화가 심해 주변 행성의 온도를 안정화시킬 수 없다.

　이에 반해 우리 태양은 최적의 질량을 가지고 있어서 수십억 년 이상 안정적으로 빛과 열을 방출하고 있다. 우리 태양의 빛의 변화는 오랜 시간에 걸쳐 0.1% 이하로 매우 안정적이다. 이처럼 우리 태양은 최적의 질량 속에, 적색과 청색이 적당하게 분포된 최적의 빛을 생명체에 방출한다. 대부분의 별들은 너무 작아서 수명은 오래 가지만 붉은색을 너무 많이 방출하거나, 너무 크고 뜨거워 빛의 밝기 변화가 심하고 강력한 자외선을 많이 방출한다. 만약 푸른색의 F형 별이 우리 태양이었다면, 지구에는 자외선과 파란색이 너무 강해서 오존층이 두꺼워지고 대기 속에는 다량의 오존이 발생하여 생명체의 생존을 위협하였을 것이다.

우리 지구는 생명체를 지원하기에 최적인 태양으로부터 생명 안전지대라고 불리는 최적의 거리에서 가장 안정적인 원에 가까운 궤도를 그리고 있다. 《창조설계의 비밀》의 저자 리 스트로벨Lee Strobel은 여러 세계 저명 과학자들과 많은 대화를 나누며 탐구를 한 끝에 다음과 같이 말하였다.

> 지구는 대단히 특별하고, 우리 태양은 매우 비범하며, 은하 내에서 태양의 위치조차 신기하게도 예상 밖이라는 사실이 밝혀지고 있다. 우주가 선진 외계 문명의 온상이라는 생각은 이제 놀라운 과학적 발견들과 새로운 생각들의 등장과 함께 허물어지고 있다.[8]

지구는 생명 유지에 최적의 조건을 가지고 있는 태양으로부터의 최적의 거리에 있으며 안정된 원궤도를 돌고 있다. 또 달과의 거리와 달의 크기 등 외부적으로 생명 유지에 최적의 조건을 가지고 있다. 지구의 크기, 지각 구성, 육지와 바다 비율, 대기의 구성, 대기의 두께, 산소의 존재, 물의 존재, 자기장의 존재 등등 수많은 조건들도 생명체를 유지하기에 최적화되어 있고 미세 조정되어 있다는 것이 속속 밝혀지고 있다. 이 가운데 하나만이라도 조금 틀어지면 지구에는 생명체가 살기에 부적합한 환경으로 바뀐다.

지구가 얼마나 특수하고 완벽하게 설계되었는지 이해하기 위해서 몇 가지 예를 들어보자.

먼저 지구 표면에서 육지와 바다의 비율이다. 현재 이 비율은 3 : 7 정도인데, 만약 사람이 살기 위한 더 넓은 면적을 확보하기 위해서 이 비율을 5 : 5로 끌어올리면 어떻게 될까? 물의 순환 구조가 깨어져서 육지의 대부분은 사막으로 변할 것이다.

만약 지구의 직경이 10%만 커지면 어떻게 될까? 물론 지구 표면적이 20% 정도 넓어질 것이다. 그에 따라 지구의 질량도 30% 정도 더 커지고 중력도 더 커져서 물의 증발이 현저하게 감소되면서 물의 순환 구조가 완전히 붕괴되고 육지는 모두 사막으로 변할 것이다. 이뿐 아니라 육지의 높은 산들은 강한 중력으로 붕괴되어 육지는 지금보다 훨씬 편평하게 변할 것이고, 결국 육지의 대부분은 바닷속으로 잠겨버릴 것이다. 현재 육지의 평균 높이가 약 800m이고, 바다의 평균 깊이가 약 4,000m라는 점을 감안하면, 결국 지구는 창조 시작 당시 물로 덮인 〈창세기〉 1장 2절의 상태로 되돌아가버릴 것이다.

만약 지구의 직경이 10%만 작아지면 어떻게 될까? 지구의 질량이 30% 정도 감소하고, 액체 상태의 물을 붙잡아두기에 충분한 중력이 되지 못해서 지구의 대기권은 짙은 수증기로 가득 차고 지표면은 어두움으로 뒤덮일 것이다.

지구와 태양의 거리가 10%만 가까워지면 어떻게 될까? 태양의 빛과 열은 20% 상승하고, 지구 표면에서 생명체가 살 수 있는 영역이 크게 감소할 뿐 아니라, 대기의 온도가 너무 상승해서 바다의 물이 대부분 증발해버릴 것이다. 실제로 태양과 지구의 거리는 1.7% 범위 이내에서 원운동을 하고 있는데, 만약 이 거리가 5%만

변하여도 지구상의 대부분의 생물들은 생존할 수 없을 것으로 분석되고 있다.

밤하늘에 둥실 떠 있는 달이 지구상에 생명체를 유지하는 데 결정적인 작용을 하고 있다는 사실도 최근 밝혀지고 있다. 지구는 그 자전축이 23.5° 기울어 있다. 이 때문에 태양 주위를 공전하는 동안 봄, 여름, 가을, 겨울이라는 계절의 변화가 생기고, 생명체가 거주할 수 있는 영역도 크게 넓어졌다. 달은 지구 자전축의 변화를 23.5°에서 ±1.5° 내에서 안정시키는 중요한 역할을 한다. 만약 달이 없다면 이 자전축의 방향이 불안정해져서 0~80°까지 큰 폭으로 왔다갔다 하게 되고, 지구는 극심한 기후 변화를 겪을 것이다.

달의 직경은 지구 직경의 무려 1/4이나 될 만큼 크다. 태양계 내에서 자신의 모 행성에 비해서 이렇게 큰 위성은 달이 유일무이하다. 이러한 달의 인력이 지구에 미쳐 밀물과 썰물이 발생한다. 달이 밀물과 썰물에 미치는 영향은 전체 조석의 60%나 되고, 나머지 40%는 태양에 의해서 발생한다.

따라서 태양-지구-달이 나란히 있는 보름날이나 그믐날에는 바다의 밀물과 썰물이 크게 발생하여 바닷물의 움직임이 커지는 사리가 일어난다. 태양-지구-달이 직각으로 서는 상현이나 하현날에는 사리와 반대로 조석이 약해지는 조금이 발생한다. 이처럼 매일 두 번씩 발생하는 밀물과 썰물로 인한 바닷물의 움직임과 한 달에 두 번씩 발생하는 조금과 사리로 인한 바닷물의 큰 움직임으로 육지의 풍부한 영양분이 바다로 계속 공급되어 바다 생명체들이 생존할 수 있도록 해준다.

아폴로 11호를 타고 인류 역사상 최초로 달에 발자국을 남긴

닐 암스트롱은 달 표면에 지진계, 성조기, 반사거울을 남기고 돌아왔다. 그 후 수십 년에 걸쳐 과학자들은 레이저 빛을 달로 보내어 거울에서 반사되어 되돌아오는 시간 차이를 이용하여 달과의 거리를 매우 정밀하게 측정하여 왔다. 그 결과 달은 평균 일 년에 약 3.8cm씩 지구로부터 멀어진다는 사실을 확인하였다.

제7장 창조와 시간에서 상세히 설명하겠지만, 달의 후퇴로부터 달의 나이는 절대로 8억~15억 년을 넘을 수 없다는 사실이 밝혀졌다. 그 이유는 그 이전에는 달의 위치가 지금 지구로부터 거리 38만km로부터 약 1만 5,000km 이내로 들어오게 되는데, 달이 이렇게 가까이 접근하면 지구의 중력에 의한 조석력이 너무 강하여 달이 토성의 테와 같이 작은 바위조각으로 붕괴되어 버리기 때문이다. 이 조석력에 의한 위성의 붕괴 한계를 로슈 한계라고 한다.[9]

실제로 조석력의 세기는 지구와 달 사이의 거리의 세제곱에 반비례하기 때문에 문제는 이보다 훨씬 심각하다. 만약 달이 지금의 위치에서 20%만 접근하여도 조석력의 세기는 2배가 되고, 지구의 밀물과 썰물은 생명체가 생존하기에는 부적합할 정도로 거세어질 것이며, 바다의 해류는 훨씬 과격해질 것이다. 바닷가에는 사람이 살 수가 없으며, 배를 만들어 바다에 띄우는 것도 불가능할 것이다.

지금부터 약 10억 년만 거슬러가도 조석력은 달을 붕괴시킬 만큼 거대해지며, 동시에 이 조석력은 지구 표면에 어마어마한 밀물과 썰물을 일으킬 것이다. 산과 대륙을 가로지르는 거대한 밀물과 썰물로 인하여 육지는 모두 침식되어버리고 지구는 물로만 가득찬 물의 행성으로 변하게 된다.

즉, 달은 지구에 생명체들이 생존하고 인류가 문명을 이룩하기에 처음부터 최적의 위치에 최근에 창조되었다고 보는 것이 타당하다. 달과 로슈 한계에 대해서는 제7장 창조의 시간에서 다시 좀 더 상세히 설명한다.

하버드와 시카고 대학에서 박사 학위를 받고 저명한 천문학자이자 우주 연구의 선구자 대열에 올라선 오키프O'keefe 박사는 우주와 지구에 새겨진 놀라운 설계의 비밀에 대해서 다음과 같이 말하였다.

> 우주에서 지적 생명체가 살 수 있는 행성은 하나뿐인 듯하다. 우리는 지구라는 행성 하나를 알고 있다. 다른 행성들의 존재는 불확실하고 어쩌면 지구와 같은 조건을 갖춘 다른 행성은 없을지도 모른다.[10]

욥기에 나타난 우주 이야기

《구약성경》〈욥기〉에는 자연과 우주에 관한 기록이 많이 있다. 그 가운데에는 욥과 그의 세 친구들의 언급도 많지만, 특히 38~41장에는 우주와 지구, 생물들의 놀라운 특성에 대해 하나님이 직접 하신 말씀이 기록되어 있다. 〈욥기〉 38장에는 지구와 우주에 대한 말씀이, 39장에는 동물 세계에 대한 말씀이, 40장에는 공룡과 같이 거대한 동물에 대한 말씀이, 그리고 41장에는 거대한 바다 공룡 리워야단에 대한 말씀이 상세히 기록되어 있다. 이 말씀들이 더욱 무게가 있는 것은 하나님이 직접 하신 말씀이기 때문이다.

〈욥기〉 38장 4~5절에는 다음과 같이 기록되어 있다.

> 내(하나님)가 땅의 기초를 놓을 때에 네가 거기 있기라도 하였느냐? 네가 그처럼 많이 알면 내 물음에 대답해보아라. 누가 이 땅을 설계하였는지 너는 아느냐? 누가 그 위에 측량 줄을 띄웠는지 너는 아느냐?(표준 새 번역)

여기에서 우리가 분명히 알 수 있는 것은 하나님이 지구를 창조할 때 마치 건축가가 집을 건축하는 것에 비유하고 있다는 것이다. 건축에서 가장 우선되는 것은 설계이다. 설계에서 가장 중요시되는 것은 그 집 속에 거주할 사람들의 필요에 맞추는 것이다. 즉, 하나님은 지구에 거주할 사람과 생물들의 필요에 맞도록 설계하고, 이에 정확히 맞추어 창조하였다. 현대 물리학과 천문학이 밝혀낸 바와 같이, 지구와 우주는 인간을 중심으로 하는 생명체가 살기에 적합하도록 완벽하게 미세 조정되어 있다.

> 빛과 어둠이 있는 그곳이 얼마나 먼 곳에 있는지 그곳을 보여줄 수 있느냐? 빛과 어둠이 있는 그곳에 이르는 길을 아느냐?

〈욥기〉 38장 20절에는 이같이 기록되어 있다. 이를 현대 천문학적 용어로 해석해보면, 별들이 하늘 천장에 매달린 작은 빛이라고 보았던 당시 옛날 사람들의 생각과는 전혀 달리, 어둠 속에 흩어져 있는 수많은 별들이 매우 멀리 있다는 것을 암시하며, 수많은 별들을 감싸고 있는 우주는 어둠으로 가득 차 있다는 것을 의미하고 있다.

네가 묘성(Pleiades)의 별 떼(성단, star cluster)를 한데 묶을 수 있으며, 오리온성좌(삼성)의 묶은 띠를 풀 수 있느냐?

31절에는 이와 같이 별의 구성에 관한 기록이 있다. 그림 12에 나타난 것처럼, 묘성은 맨눈으로 볼 때는 오리온 별자리 우측에 십여 개의 별들이 불규칙하게 모여 있는 것으로 보인다. 그러나 오늘날의 큰 망원경으로 관측해보면 천여 개의 별들이 서로 중력으로 묶여져 있는 '별 떼', 즉 성단이라는 사실을 알 수 있다. 성경이 기록되었던 당시에 살던 고대 사람들은 이 별들이 성단이라고는 전혀 알지 못했다. 커다란 천체 망원경이 발명되고 나서야 묘성이 성단이라는 사실이 밝혀졌는데, 성경에는 지금부터 거의 3,000년 이전에 묘성이 분명히 별 떼, 즉 성단이라는 것을 언급하고 있어 놀라울 뿐이다.

그리고 칼을 들고 있는 고대 장수를 상징하는 오리온 별자리의 중심에는 허리띠를 상징하는 세 개의 별, 즉 삼성인 삼태성이 있다. 고대 사람들은 이 세 개의 별들이 허리띠처럼 서로 묶여져 있다고 상상했다. 그러나 최근 천문학은 이 세 개의 별들은 앞뒤로

그림 12

오리온 별자리의 우측에 있는 묘성(Pleiades) 성단의 모습
(Courtesy of NASA)

그림 13
오리온 별자리의 중심부에 있는 세 개의 별이 바로 '묶은 띠'로 알려진 삼태성이다.

매우 멀리 떨어져서 서로 상관이 없으며 단순히 시선의 방향이 일치하여 가까이 붙어 있는 것처럼 보인다는 사실을 발견하였다. 성경 〈욥기〉에 지금부터 3,000년 이전에 이 사실이 분명히 기록되어 있다는 것은 놀라운 일이 아닐 수 없다.

〈욥기〉 38장 32절과 33절에는 다음과 같이 기록되어 있다.

> 네가 철을 따라서 별자리들을 이끌어 낼 수 있으며, 큰곰자리와 그 별 떼를 인도하여 낼 수 있느냐? 하늘을 다스리는 질서가 무엇인지 아느냐? 또 그런 법칙을 땅에 적용할 수 있느냐?(표준 새 번역)

'하늘을 다스리는 질서'는 개역성경에서는 '하늘의 궤도'로 번역되었으며, 히브리어로는 '후코트'로 '천지의 법칙' 또는 '자연의 법칙'이라는 의미이다. 〈예레미야〉 33장 25절에는 하나님이 '천지의 법칙(후코트)'을 만들었다고 하였다.

이 말씀들을 현대 천문학적 관점에서 보면, 별자리가 계절을 따라서 바뀌는 것은 지구의 공전 때문이며, 또 지구의 공전은 태양과 지구의 만유인력의 법칙을 따라 운행하는 질서이다. 만유인력의 법칙은 하늘, 곧 우주를 다스리는 가장 중요한 법칙이지만 동시에 땅 위에서도 적용된다. 만유인력 때문에 물이 아래로 흐르고, 물체는 아래로 떨어진다.

즉, 〈욥기〉 38장 32절과 33절은 우주를 다스리는 천지의 법칙 '후코트'가 바로 만유인력의 법칙으로 해석할 수 있으며, 이 법칙은 하늘뿐 아니라 땅 위에도 적용되는 것을 말하고 있다. 수천 년 이전에 기록된 성경 속에 오늘날의 과학으로 보아도 정확한 이러한 말씀이 나오는 것이 그저 놀라울 뿐이다.

고대 그리스의 대표적 철학자 플라톤은 우주를 신들이 거주하는 완전한 월상 세계와 인간이 거주하는 불완전한 월하 세계로 나누었다. 양쪽 세계의 경계에 그 형태가 계속 변하는 불완전한 달이 존재한다고 보았다. 그리고 달 너머의 월상 세계를 다스리는 법과 월하 세계를 다스리는 법은 전혀 다르다고 생각하였다. 플라톤보다도 1,000년 이전에 기록된 《구약성경》 〈욥기〉에 플라톤을 위시한 그리스 철학자들의 사상과는 전혀 다른 우주를 다스리는 법칙과 이 땅을 다스리는 법칙이 동일하다는 것을 말하고 있는 것이 신기할 뿐이다.

〈욥기〉 26장 7절에는 이를 보완하는 더 분명한 말씀이 기록되어 있다.

그는 북편 하늘을 허공에 펴시며, 땅을 아무것도 없는 공간에 매시며(He spreads out the northern skies over empty space, he suspends the earth over nothing)

　이 말씀은 틀림없이 우주가 광활한 공간, 즉 허공으로 펼쳐져 있으며, 지구가 이 허공 속에 둥둥 떠서 태양에 만유인력의 끈으로 매여 있다는 것을 의미한다.

　당시 고대 사람들은 하늘과 우주를 지구의 천장을 덮은 얇은 천과 같은 것으로 보았는데, 성경은 우주가 광활하고 텅 빈 공간empty space, 즉 허공이라는 것을 말하고 있다. 또 지구가 텅 빈 공간, 즉 허공에 자유롭게 둥둥 떠다니는 것이 아니라 '매여 있다'고 말함으로써 태양의 중력에 의하여 묶여서 안정적인 궤도를 유지하고 있음을 암시하고 있다.

　〈이사야〉 40장 22절은 하나님에 대해 다음과 같이 기록하였다.

> 그는 궁창(circle of the earth)에 앉으시나니 땅에 사는 사람들은 메뚜기 같으니라. 그가 하늘을 차일같이 펴셨으며, 거주할 천막같이 치셨고(He sits enthroned above the circle of the earth, and its people are like grasshoppers. He stretched out the heavens like a canopy, and spreads them out like a tent to live in.)

　여기서 '궁창'으로 번역된 단어는 영어로는 'the circle of the earth', 즉 '지구의 둥근 원' 또는 '동그란 지구'라고 번역되고 있다. 즉, 우주 공간에 둥둥 떠 있는 지구의 둥근 원형의 모습을 말하고 있다.

　최근 인공위성으로 지구 대기권 밖에 나가서 촬영한 지구 사진을 보면 검은 허공 중에 둥둥 떠 있는 지구의 모습을 볼 수 있다. 지금부터 약 3,000년이나 이전에 기록된 〈욥기〉에 이러한 내용이 기록되어 있다는 것이 놀라울 뿐이다. 높은 곳에서 내려다보면 둥근 지구의 지면에 살고 있는 인간은 마치 메뚜기처럼 작고 보잘것없이 보일 것이다.

또한 하늘, 즉 우주의 창조에 있어서 '펼쳤다'는 말에서 알 수 있듯이, 어떠한 '펼치는 과정'을 통해 창조하였고, 이 펼침의 과정 속에 들어 있는 가장 중요한 목적이 바로 사람이 거주할 수 있도록 하는 것이었다. 우리는 텐트를 설계하고 제작할 때, 그 속에 사람이 잘 거주할 수 있도록 크기와 구조를 고려해서 튼튼하고 안전하게 만든다. 마찬가지로 하나님은 우주를 사람이 안전하게 거주하는 조건이 충분히 만족되도록 정교하게 만들었던 것이다.

'펼친다'는 말의 또 다른 천문학적 의미는 '우주 공간이 팽창하고 있다'는 뜻으로도 해석해볼 수 있다. 현재 천문학의 가장 중요한 발견은 바로 허블의 법칙으로 표현되는 우주의 팽창이다. 에드윈 허블은 1929년에 우주의 팽창을 망원경을 이용하여 발견하였지만, 지금부터 거의 2,700년 전에 기록된《구약성경》〈이사야〉에는 하나님이 우주를 창조하는 과정에 대해서 '펼쳤다'는 단어를 사용하였다. 천문학자이자 창조과학자인 휴 로스Hugh Ross는 이에 대해서 '하나님의 존재에 대한 피할 수 없는 최신 과학의 발견'이라고 말하였다.[11]

우리는 다시 〈이사야〉 40장 22절 속에서 우주 창조 속에 깃든 하나님의 창조의 놀라운 과정과 인간을 비롯한 생명체 존재를 위한 미세 조정의 핵심 원리를 새삼 발견하게 된다.

1) Paul Davies, *The Cosmic Blueprint: New Discoveries in Nature's Creative Ability to Order the Universe*, New York: Simon and Schuster, p.203, 1988.
2) Margenau H. and R. A. Varghese, eds. *Cosmos, Bios, Theos: Scientists Reflect on Science, God, and the Origins of the Universe, Life, and Homo Sapiens*, Open Court Pub. Co., La Salle, IL, 1992.
3) 리 스트로벨 지음, 홍종락 옮김, 《창조설계의 비밀: 6장》, 두란노, 2005.
4) 리 스트로벨, ibid, 6장.
5) 리 스트로벨, ibid, p.190.
6) Carl Sagan, *Blue Pale Dot: A Vision of Human Future in Space*, Random House, 1994.
7) http://en.wikipedia.org/wiki/Galactic_habitable_zone
8) 리 스트로벨, ibid, p.191.
9) en.wikipedia.org, "Roche Limit"
10) 리 스트로벨, ibid, p.235.
11) Hugh Ross, "Latest Scientific Evidence for God's Existence", YouTube.

제7장
창조와 시간

뉴턴이 확립한 고전물리학적 개념 아래에서 시간에 대한 이해는 매우 직관적이고 쉬웠다. 즉, 오늘 시간이 흐르는 속도는 내일 시간이 흐르는 속도와 같고, 나에게 시간이 흐르는 속도와 너에게 시간이 흐르는 속도가 같으며, 지구에서 시간이 흐르는 속도와 먼 별나라에서 시간이 흐르는 속도가 같다고 보았다. 이는 당시까지의 정밀한 측정으로도 잘 증명되었다.

고전물리학은 이러한 상식적 수준의 시간 개념 위에 세워졌으며 300년 동안 변함없이 이어졌다. 고전물리학에서의 뉴턴의 시간 개념을 절대 시간이라고 한다.

그러나 1905년 아인슈타인이 특수 상대성 이론을 발표하면서 시간에 대한 이해와 정의는 매우 어려워졌고, 전문적인 물리 교육을 받은 사람들만 겨우 이해할 수 있게 되었다. 시간을 이해하기 어려운 이유는 관찰자나 물체의 이동 속도가 빛의 속도에 버금가도록 빨라지게 되면 뉴턴의 절대 시간 개념이 무너지고 상대적 시간 개념이 나타나기 때문이다. 즉, 나에게 시간이 흐르는 속도가 너에게 시간이 흐르는 속도와 다를 수 있으며, 지구에서의 시간이 흐르는 속도가 먼 별나라에서 시간이 흐르는 속도와 다를 수 있다.

이러한 시간의 비균일성은 관찰자나 물체의 속도가 빛의 속도에 버금가게 빨라질수록 더 심해진다(부록 1 참조).

예를 들어서, 지구에 정지해 있는 사람이 느끼는 시간이 흐르는 속도는 빛의 속도에 버금가는 빠른 로켓을 탄 사람이 느끼는 시간이 흐르는 속도와 많은 차이가 난다. 로켓을 탄 사람의 시간이 훨씬 천천히 흘러간다는 것은 이미 증명되었다. 이러한 시간 차이를 실감 있게 느끼려면 로켓의 속도가 빛의 속도에 버금가도록 빨라야만 한다. 현재까지 개발된 우주선과 같이 속도가 느린 상태에서는 두 사람의 시간 차이가 인지할 수 없을 만큼 작기 때문에 뉴턴의 고전적 절대 시간 개념을 적용해도 별 문제가 없다. 하지만 빛의 속도에 접근하면 할수록 그 차이는 매우 커지게 된다. 비록 느린 속도라 하더라도 정밀한 원자시계를 사용하여 미세한 차이를 측정하였고, 상대성 이론을 따라 시간 차이가 발생한다는 것이 증명되었다.

지구로부터 몇 십억 광년 이상 떨어진 은하들은 빛의 속도에 비해서 무시할 수 없을 만큼 빠른 속도로 후퇴하고 있기 때문에 그 은하들의 시간은 지구보다도 훨씬 천천히 갈 것이다. 이와 같이 서로 다른 속도로 움직이는 물체들의 시간이 흘러가는 속도가 다르기 때문에 우주에서 각각의 별이나 은하들은 서로 다른 시간을 갖는다. 즉, 팽창하는 우주 속에서 같은 속도로 흘러가는 시간은 거의 없다.

그러면 우주의 창조 시간은 어떻게 보아야 하는가? 이는 매우 중요한 문제인데, 창조론자들 내부에서도 〈창세기〉 1장 해석에 대한 의견이 분분하다. 창조론자들 사이에서 창조의 시간에 대한 의견은 크게 6,000년~수만 년의 극히 짧은 연대를 주장하는 젊은 연대론과 천문학 및 지질학 학계에서 공인받고 있는 수백억 년을 그대로 수용하는 오래된 연대론으로 나눌 수 있다.

이 두 진영의 창조론자들은 동일한 복음주의 신앙과 신학적 관점을 가지고 있으면서도 서로 대화가 잘 이루어지지 않는 것으로 보인다. 그 이유는 성경 해석에 대한 서로 다른 관점뿐 아니라 각자 자신의 이론을 지지하는 부분적인 과학적 근거들을 가지고 있기 때문이다.

오래된 우주론

창조론자들 가운데 빅뱅 이론의 우주 연대인 138억 년을 그대로 받아들여 오래된 우주를 믿는 사람들이 많이 있다. 그 대표적인 사람이 천문학자 출신이자 'Reasons To Believe'라는 창조론 단체를 이끌고 있는 휴 로스Hugh Ross 박사이다.[1] 로스는 빅뱅 이론을 그대로 받아들이며, 하나님이 이것을 이용하여 우주와 생명을 창조했다고 믿는 대표적인 진행적 창조론자이다.

자연주의적 빅뱅 이론가들은 빅뱅 그 자체가 우연에 의해서 발생하였으며, 우주의 진화와 생명의 진화는 모두 자연법칙을 따라서 저절로 우연히 이루어졌다고 믿고 있다. 반면에, 로스는 생명의 진화 과정에 새로운 종들이 저절로 우연히 발생하는 것은 불가능하며, 자연법칙에 의한 진화가 한계에 부딪힐 때 하나님의 개입에 의해서 새로운 종이 창조된다고 보았다.

지층 속에서 화석들이 진화의 연속적인 변화를 보여주는 것이 아니라, 중간 화석이 결여된 채 갑자기 새로운 종이 출현하는 것은 이제 하나의 법칙과 같이 잘 알려져 있다. 로스는 이러한 현상들이 하나님이 적절한 지질학적 시점에 새로운 종들을 창조한 증거라고 보았다. 로스의 견해는 〈창세기〉 1장의 6일은 지질학적으로 긴 시간을 갖는 여섯 시대이며, 오랜 지질학적 기간에 걸쳐서 단계적으로 새로운 종들이 창조되었다고 보는 전형적인 진행적 창조론이다.[2]

진행적 창조론은 자연스럽게 〈창세기〉 1장을 해석할 때 '날-시대 이론day-age theory'으로 흐르게 된다. 이 이론은 창조의 1일을 수천만 년 내지 수억 년의 긴 지질학적인 시대로 해석하고, 지구의 나이가 45억 년이라는 주장을 그대로 인정한다.

날-시대 이론은 찰스 라이엘Charles Lyell이 1833년에 동일과정설에 입각한 《지질학 원론》을 발간하고 나서 미국의 지질학자 기요Guyot(1807~1883)가 성경과 우주 역사를 조화시키기 위하여 주장한 것으로 알려져 있다. 그는 프린스턴 대학교 지질학 교수였지만 미국 유니온 신학교와 프린스턴 신학원에서 강의도 하였다.

날-시대 이론에 의하면, 〈창세기〉 1장에서의 하루는 24시간의 하루가 아니라 불특정의 긴 시간으로 본다. 이 때문에 우주와 지구의 오랜 역사는 〈창세기〉와 잘 조화되어 아무런 갈등도 생기지 않는다. 날에 해당하는 히브리어 '욤yom'이 성경에서 24시간이 하루의 의미로도 사용되고 '시대'로도 사용되기 때문에 문맥상 〈창세기〉 1장의 욤은 24시간이 하루가 될 수 없다고 본다. 특히, 〈창세기〉 2장 4절 '여호와 하나님이 땅과 하늘을 만드시던 날yom에'라는 구절에서 '날들'이라는 복수가 사용되지 아니하고 '날'이라는 단수가 사용된 것에 주목하고, 이 '날'이 24시간이 아니라 긴 시간이라고 주장한다.[3]

날-시대 이론은 진화론 자체는 부인하지만, 지구의 지질역사와 빅뱅 이론 등 오래된 지구와 우주를 그대로 수용하고 있다. 그 때문에 과학적 갈등이 크게 없는데, 특히 기독교인 과학자들이 과학적 활동을 하는 데 많은 정신적 편안함을 제공한다.

오래된 우주론을 지지하는 또 다른 이론은 '간격 이론Gap theory'이다. 이 이론은 스코틀랜드의 목회자이자 신학 교수였으며 스코틀랜드 자유 교회의 지도자였던 토마스 찰머스Thomas Chalmers(1780~1847)에 의해서 주장되었다.[4] 미국의 저명한 신학자, 목회자, 저술가이며 스코필드 주석 성경으로 유명한 스코필드Scofield(1843~1921)와 영국의 복음주의 운동가이자 웨스트민스터 교회의 설교자로 유명한 로이드 존스Lloyd Jones(1899~1981), 그리고 한국의 김홍도 목사도 이 간격 이론을 지지하였다. 간격 이론은 〈창세기〉 1장 1절의 우주 창조와 2절의 지구 창조 사이에 천문학적인 시간 간격이 있다고 본다.

한편, 우주의 창조는 1장 1절에서 끝났으며, 단지 1장 2절에 묘사된 지구가 혼돈하고 공허한 초기 상태로 불특정의 오랜 시간이 경과되었다고 보는 간격 이론도 있다. 즉, 1장 2절의 지구의 상태는 지구 창조의 초기 상태였으며, 하나의 창조 과정일 뿐이라고 본다.

간격 이론은 창조 6일이 지구의 낮과 밤이 구분되기 시작한 〈창세기〉 1장 3절 빛의 창조부터 시작되며, 6일 창조를 문자 그대로 24시간 6일 창조로 믿는다. 즉, 지구와 우주의 나이는 매우 오래되었으나 창조의 6일은 최근으로 믿는다는 점에서 젊은 연대론이나 날-시대 이론과 다르다. 즉, 간격 이론은 젊은 지구론과 날-시대 이론의 중간에 위치한 이론으로 볼 수 있다. 거대한 우주의 크기, 오래된 지구 등 천문학, 지질학과 잘 조화되면서도〈창세기〉 1장에 대한 6일 창조를 받아들임으로써 성경 해석에 있어서 보수성을 그대로 유지할 수 있다는 장점이 있다.

오래된 우주를 지지하는 가장 큰 증거는 우주 그 자체의 크기로부터 온다. 우주는 너무 크기 때문에 가장 빠른 빛조차도 최소 수만 년에서 많게는 수십억 년이 걸려서야 지구에 도달한다. 예를 들어, 밤하늘의 은하수는 은하계의 중심부에 있는 별무리인데, 지구까지 도달하는 데 약 3만 5,000년이 걸린다. 젊은 우주론자들이 주장하는 6,000년 설로는 밤하늘의 은하수조차 설명하기 어려운 것이 사실이다.

과연 수천만 광년에서 수십억 광년 떨어진 먼 은하의 별빛을 어떻게 설명하여야 할까? 오래된 연대를 지지하는 사람들은 이 문제에서 비교적 자유로운 반면에 젊은 연대를 지지하는 사람들은 이 부분에서 가장 큰 어려움을 겪고 있다.

우주의 크기 외에도 오래된 우주를 지지하는 중요한 증거들 중의 하나는 방사능 연대 측정이다. 방사능 연대 측정법이 알려지기 이전에 영국의 유명한 물리학자 켈빈 경은 뜨거운 지구가 식는 속도를 계산하여 지구의 나이를 약 4,000만 년에서 1억 년 사이로 추정하였다. 당시에는 방사능 원소에 대한 지식이 부족하여 이를 고려하지 못한 결과였다.

여러 가지 방사능 연대 측정법이 개발되어 왔는데, 수억 년 이상 오래된 연대 측정에는 주로 방사능 동위원소인 우라늄이 납으로 변하는 과정을 이용한다. 1953년 패터슨은 운석에 포함된 납 동위체를 이용하여 우라늄-납 연대 측정법으로 지구의 나이가 45억 년이라고 발표하였다. 이는 당시의 어떤 계산보다도 정확하였고, 오늘날까지도 지구와 태양의 나이는 45억 년으로 변함없이 받아들여지고 있다.

우라늄-납 연대 측정법 이외에도 다양한 방사능 연대 측정법들이 있다. 지구의 나이를 측정하는 데 있어서 표준으로 다루어지는 아옌데 운석에 대해서 서로 다른 방사능 연대 측정 방법으로 측정해보면 지구의 나이는 44억 년에서 104억 년까지 다르게 나타난다.[5] 이러한 연대의 불일치는 주로 초기 납의 동위원소의 양에 따라서 가장 많이 나타나는데, 이 문제는 동위원소 연대 측정법의 가장 큰 난제이다.

빅뱅 이론에 바탕을 둔 별의 탄생 및 진화 이론에 의하면, 별들은 빅뱅 직후 출현한 순서에 따라 종족 III, 종족 II, 종족 I로 구분된다. 이 분류는 별 속의 금속* 성분의 비율로 결정되는데, 종족 I의 별들은 금속 성분이 풍부하고, 종족 II의 별들의 금속 성분은 종족 I의 별들의 1/10 정도이며, 종족 III의 별들의 금속 성분은 거의 없다.[6] 종족 I과 II의 별들은 우리 은하 속에서 많이 관측되고 있다. 상대적으로 더 최근에 형성되었다고 보이는 종족 I의 별들은 주로 나선 은하의 원반에 많고, 그보다 더 오래되었다고 보이는 종족 II의 별들은 주로 불규칙한 타원 공전 궤도를 그리며 은하 주위에 구형의 형태로 분포되어 있다. 구상성단들은 대부분 종족 II의 별들로 구성되어 있다.

별의 진화 시나리오를 잠시 살펴보자. 빅뱅 직후에 최초로 태

---

* 천문학에서는 편의상 헬륨보다 무거운 모든 원소들을 금속이라고 한다.

어난 종족 III의 별, 즉 제1세대 별들은 무거운 원소 성분이 거의 없고 순전히 수소와 헬륨만으로 구성되어 있다. 별의 진화 시나리오에 따르면 이들이 수명을 다하고 초신성으로 폭발을 일으켜 그 잔해가 우주 공간에 흩어졌다가 다시 중력 수축으로 모여 종족 II의 별들이 탄생하였다고 본다. 마찬가지로 이 종족 II의 별들의 수명이 다하여 초신성으로 폭발한 잔해가 다시 중력 수축으로 모여 오늘날 많이 보이는 종족 I의 별들이 되었다고 본다. 따라서 형성 순서로 본다면, 종족 III의 별들이 빅뱅 이후 가장 먼저 생겨난 제1세대 별들이고, 종족 II의 별들이 제2세대 별들이며, 종족 I의 별들이 가장 최근에 생겨난 제3세대 별들로 해석된다.

빅뱅 이론에 의하면, 빅뱅 당시에는 수소와 헬륨만이 형성되기 때문에 제1세대 별은 금속 성분이 거의 없이 수소와 헬륨만으로 구성되어 있다. 그보다 무거운 원소(금속)들은 별의 중심에서 일어나는 핵융합 과정이나 별이 수명을 다하여 초신성이 폭발하는 과정에서 형성되었다고 본다. 즉, 오늘날 지구에서 관찰되는 대부분의 무거운 원소들은 별의 중심에서 수십억 년 이상 일어난 핵융합 과정이나 별이 초신성으로 폭발할 때 원소들의 중합에 의해서 형성되었다고 본다.

참고로, 현재까지 빅뱅 직후 최초로 형성된 제1세대 별에 해당하는 별들은 발견된 적이 없다. 최근 120억 광년 멀리 빅뱅 직후 10~20억 년까지 시간을 거슬러 측정을 해도 관측이 되지 않고 있어 제1세대 별들은 여전히 빅뱅 이론 속에서 가상적으로 존재하는 별들이다.

빅뱅 이론이 맞는다면, 제3세대 별에 해당하는 우리 태양은 그 이전의 어떤 제2세대 별들이 수명을 다하여 초신성으로 폭발한 후 기체 찌꺼기가 다시 모여 형성되었을 것이다. 만약 그렇다면 제2세대 별들의 시대에 이미 상당한 양의 우라늄과 납도 동시에 생성될 수밖에 없었을 것이다. 이때의 우라늄과 납의 함량은 매우 불확실하므로 태양과 지구의 나이를 정확하게 측정하는 것은 어려울 것이다.

따라서 지구의 나이를 측정하는 데 사용되는 우라늄과 납은 이미 지구와 태양의 탄생 훨씬 이전에 이미 제2세대 별의 내부 또는 초신성 폭발 과정에서 형성되었다. 때문에 방사능 연대 측정에서 나오는 나이는 제2세대 별이 초신성으로 폭발한 시간부터의 나이라고 보는 것이 정확할 것이다. 일부 원소들은 그보다 더 오래된 제1세대 별들이 폭발했을 때 형성된 것들일 수도 있다. 따라서 제3세대 별에 해당하는 태양과 지구의 실제 탄생 나이를 정확하게 알기는 매우 어렵다.

이와 같이 방사능 연대 측정으로는 제1세대 별들 또는 제2세대 별들이 초신성으로 폭발할 당시 납이 얼마나 형성되어 있었는가에 대한 초기 조건과 이 별들이 폭발한 시점을 알기가 매우 어렵다. 따라서 방사능 연대 측정법 역시 그 불확실성이 매우 높다는 사실을 고려하여야 한다.

젊은 연대론

미국의 창조과학연구소 Institute of Creation Research, ICR,[7] 켄 햄 Ken Ham 박사가 설립한 AIG Answers In Genesis,[8] 창조연구회 Creation Research Society, CRS[9]

등의 창조론 단체들은 젊은 지구를 주장하는 젊은 연대론을 지지한다. 우리나라의 한국창조과학회Korea Association of Creation Research, KACR는 과거 6,000년 설을 많이 주장하였지만, 최근 복음주의의 틀 안에서 젊은 연대뿐 아니라 〈창세기〉 1장 해석에 관한 다양한 관점을 수용하는 포괄적인 입장을 가지려고 노력하고 있다. 즉, 빅뱅 이론이 여전히 미완성의 가설이듯이 복음주의의 틀을 벗어나지 않는 한 확실한 데이터가 확보되기까지는 연대 문제도 현재까지 미지의 영역이므로 열린 자세를 견지할 필요가 있다고 보고 있다.

젊은 연대론자들은 〈창세기〉 1장의 하루를 24시간으로 해석하는 것과 〈출애굽기〉 31장 17절에서 하나님이 직접 "나 여호와가 엿새 동안에 천지를 창조하고"라는 말씀을 많이 인용하고 있다. 최근에는 젊은 연대에 대한 과학적 증거도 상당히 많이 확보하고 있다.[10] 젊은 연대에 대한 증거들을 천문학적인 증거, 지질학적인 증거, 화석적인 증거로 크게 나누어본다.[11]

먼저 천문학적인 증거들로 수명이 몇 천만 년 이내의 거대 푸른 별, 은하의 회전 팔의 붕괴, 두 개의 별로 이루어진 쌍성의 각운동량 감소,** 달의 후퇴로부터 역으로 계산되어 얻어지는 로슈 한계Roche limit, 빠른 속도로 붕괴되는 토성의 젊은 고리 등을 들 수 있다.

일반적으로 빅뱅 이론에서는 빅뱅으로부터 우주가 시작했다는 가설에 기초하여 우주 팽창 속도를 역으로 외삽하여 우주의 나이가 138억 년이라는 값을 얻었다. 여기에는 우주가 빅뱅으로 시

** 쌍성은 두 개의 별이 중력으로 묶여서 서로를 공전하는 상태에 있는 것으로서 연성이라고도 한다. 밤하늘의 별 가운데 약 절반 정도가 쌍성인 것으로 알려져 있다. 쌍성은 서로 회전하면서 각운동량을 상실하여 서로 접근하게 되고 결국 융합되는데, 이것을 이용하여 나이를 계산할 수 있다.

작했으며 지속적으로 팽창되어 왔다는 중요한 가설이 전제되어 있다. 제4장에서 상세히 다루었듯이 우주가 빅뱅으로 인하여 발생하였다는 것은 분명히 하나의 가설이며, 여전히 해결되지 못한 수많은 문제점을 가지고 있다.

이에 반하여 여러 가지 우주 연대 측정 시계법이 있다. 이것들은 현재 관측되는 데이터에 근거하여 우주의 연대를 계산하는 매우 과학적인 데이터 기반의 시간 측정법이다. 이러한 우주 연대 측정법으로는 나선형 은하들의 팔이 감기는 시간 측정, 이중성의 회전 감소 및 합체를 통한 수명 측정법, 별 클러스터 나이법, 백색왜성 냉각 시간법 등이 있다.

사멕Samec과 피그Figg는 최근 윌슨 천문대에서 이루어진 쌍성의 각운동량의 감소에 대한 측정 자료를 토대로 이중성의 연대가 최대 283만 년이라는 것을 계산하였다. 쌍성은 서로 회전하면서 에너지를 상실하여 접근하다가 결국 합체되는데, 이를 이용하여 측정한 별의 나이는 수십억 년 이상으로 간주되어온 별의 나이에 비하여 거의 만 분의 1 수준이다.[12]

최근까지 토성의 고리의 성분, 기원, 움직임이 매우 정밀하게 관찰되고 연구되고 있다.[13] 이러한 연구 결과에 따라 토성의 고리는 대부분 얼음으로 구성되어 있고 암석 성분이 거의 없다는 것이 밝혀졌다. 만약 암석 성분으로 구성되어 있다면 로슈 한계 밖에서 공전하던 어떤 위성이 로슈 한계 내부로 떨어지면서 토성의 조석력에 의하여 파괴되어 고리를 형성하였다고 볼 수도 있다. 하지만 고리의 대부분이 얼음으로 구성되어 있다는 것은 이러한 시나리오가 불가능하다는 것을 의미한다. 또 토성의 고리를 구성하는 미세

그림 14

토성의 위성 엔셀라두스와 지구와 달의 크기 비교
(Courtesy of NASA)

한 입자들이 상호 충돌하거나 우주먼지와 충돌하면서 그 에너지를 상실하여 서서히 토성 아래로 떨어져 사라지는 것이 밝혀졌다. 이는 토성의 고리가 45억 년이라는 태양계의 나이보다 훨씬 젊다는 것을 말해준다. 현재로서는 토성의 고리가 젊다는 사실에 대해서 오래된 태양계 이론으로 분명히 설명하지 못하고 있으며, 아마도 젊은 태양계를 지지하는 강력한 관측적 증거의 하나로 보인다.

최근 카시니 위성이 토성의 작은 위성 엔셀라두스Encenladus에 접근해서 자세히 관측한 매우 흥미로운 자료를 보내왔다. 엔셀라두스 위성은 토성으로부터 약 23만 8,000km 떨어진 직경 504km의 작은 위성이다. 그림 14에 나타난 대로 이 크기는 달의 1/6 밖에 안 되는 작은 값이다.

그림 15의 컴퓨터 채색된 사진에서 보면 엔셀라두스는 다량의 물을 분출하고 있는데, 엔셀라두스의 지표 밑에는 섭씨 90℃ 정도의 높은 온도를 갖는 약 10km 두께의 지하 바다가 있을 것으로 추측된다. 엔셀라두스의 평균온도가 섭씨 영하 198℃이고 그 작은 크기를 감안하면 45억 년이라는 시간이 경과하였을 경우 이 바다는 이미 오래 전에 완전히 냉각되었어야 한다. 그럼에도 불구하고

그림 15
토성의 위성 엔셀라두스로부터
분출되는 물(컴퓨터 채색)
(Courtesy of NASA)

관측되는 높은 온도의 액체 상태의 물을 분출하기 위해서는 충분한 열에너지가 있어야 하는데, 그 크기는 대략 47억W(와트) 정도로 계산되었다. 이 위성이 토성으로부터 받는 조석력 에너지는 대략 최대 11억W 이하로 알려져서 크게 부족하기 때문에 엔셀라두스의 열에너지의 근원은 여전히 수수께끼이다.

어떤 학자들은 엔셀라두스의 내부에 반감기가 짧은 알루미늄이나 철 방사능 원소가 있어서 방사능 에너지가 공급되는 것으로 추측하기도 하였다. 그러나 반감기가 짧은 방사능 원소는 태양계의 나이 45억 년이 지나면 거의 분해되어 사라졌을 것이기 때문에 설득력이 부족하다. 반대로 반감기가 긴 방사능 원소는 충분한 열에너지를 생산할 수 없는 문제점이 있다.[14]

이와 같이 엔셀라두스의 물 분출은 오래된 연대로 설명하기가 분명히 어렵다. 반면에 엔셀라두스가 젊다고 가정하면 충분히 설명될 수 있다.

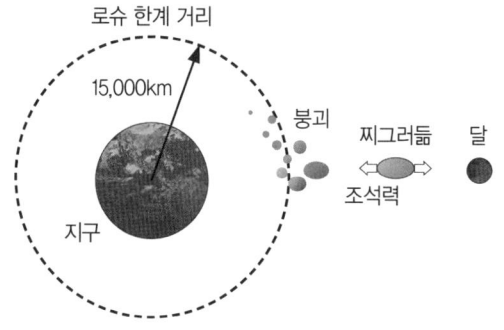

그림 16

달이 지구 가까이, 즉 만약 로슈 한계 거리 내에 있다면, 지구의 강력한 조석력에 의하여 달은 붕괴되고 만다.

    토성의 고리와 엔셀라두스 위성뿐 아니라, 최근 정밀하게 측정되어 매년 약 3.8cm씩 지구로부터 멀어져가고 있는 달의 거리를 역산한 결과에 따르면, 달의 나이는 약 8억 년에서 최대 15억 년을 넘을 수 없다는 것이 밝혀졌다. 왜냐하면 달의 나이가 15억 년을 넘어가면 그림 16에 나타난 것처럼 달과 지구의 거리가 로슈 한계로 알려져 있는 거리보다 가까워져서 지구의 인력에 의한 강력한 조석 효과에 의해서 달이 붕괴되기 때문이다. 그림 17에서는 토성의 테를 구성하는 작은 얼음 입자들이 토성의 로슈 한계 이내에 존재하기 때문에 작게 분해되어 둥근 띠의 형태를 갖게 되었음을 알 수 있다.

    만약 달의 나이가 약 15억 년을 넘을 수 없다면 지구의 나이도 동일하게 최대 15억 년을 넘을 수 없다고 보아야 한다. 지구와 달의 나이가 15억 년보다 작다면 현재 45억 년으로 알려져 있는 지구와 달의 나이가 대폭 수정되어야 할 뿐 아니라 지구의 지질연대와

그림 17

토성의 고리는 로슈 한계 이내에 들어온 물체들이 토성의 강력한 조력으로 파괴되어 형성된 것들이다.

태양의 연대까지도 모두 크게 수정되어야 한다.

달과 지구의 나이가 15억 년을 넘을 수 없다면 진화론의 연대 체계는 또한 어떠할까? 표준 진화론에 의하면 우주는 약 138억 년 전에 빅뱅으로 시작하였고, 약 45억 년 이전에는 지구와 달을 포함하는 태양계가 출현하였다. 지구상에는 약 35억 년 이전에 최초의 생명체가 출현하기 시작하였으며, 약 25억 년 이전에는 박테리아가 진화하기 시작했다. 약 5억 년 이전에는 캄브리아 생물 종의 급격한 증가, 즉 캄브리아 대폭발이 일어나 오늘날 점차 고등한 종의 생물로 진화하였다. 만약 지구와 달의 나이가 15억 년으로 제한되면 최초의 생명체 출현 및 박테리아의 진화 등과 같은 생명의 진화의 시작 자체가 불가능하게 되어 진화론 체계 전체가 흔들릴 수밖에 없다.

로슈 한계에 따라 약 15억 년 전으로만 거슬러 올라가도 달의 위치는 지금의 38만km에서 1만 8,000km 이내로 들어오게 된다. 이 거리는 현재 달의 위치의 약 1/20에 해당한다. 만약 달이 현재 위치의 1/10에 해당하는 위치에만 다가와도 중력의 크기는 거리의 제곱에 반비례하므로 지구와 달 사이의 중력의 크기는 지금의 100배가 될 것이다. 밀물과 썰물을 일으키는 조석력의 크기는 거리의 세제곱에 반비례하므로 지구의 바다에 작용하는 달의 조석력은 최대 약 1,000배나 된다.

이러한 달의 조석력은 아마도 밀물과 썰물을 대륙 위로 들락날락하게 할 것이고, 그에 따라 바다는 엄청난 소용돌이와 혼돈으로 가득할 것이다. 지구의 육지는 대륙을 넘나드는 거대한 밀물과 썰물에 의하여 모두 침식되어 바닷속으로 사라져버리고, 지구는 물로만 덮여 있을 것이다. 또한 지구와 달 사이의 강력한 조석력으로 인하여 달뿐 아니라 지구에도 거대한 지각 균열이 일어나고 있었을 것이다. 2014년도에 상영된 외계 행성 탐사를 다룬 영화 '인터스텔라'에서 묘사한, 행성 전체가 편평한 얕은 바다로 구성되어 있고 수백 미터 높이의 파도가 주기적으로 행성을 휩쓰는, 장면과 같은 상태가 되어버릴 것이다. 또한 지금 목성의 대기권에 시속 수백 km의 매우 빠른 기체의 소용돌이가 끊임없이 휘몰아치고 있듯이, 지구의 바다와 대기권은 거대한 물과 공기의 소용돌이에 휘말려 있었을 것이다.

그동안 진화론자들은 '따스하고 얕으며, 생명이 살기에 좋은 연못'들이 지구 곳곳에 있어서, 그 속에서 아미노산들이나 기타 화학물질들이 우연적 화학결합에 의해서 단백질이나 DNA들이 결합되어 최초의 원시적 생명체가 탄생하였다고 생각하였다. 하지만 대략 10억 년만 과거로 거슬러 올라가도 달의 접근에 의해서 발생하였을 것으로 예측되는 격렬한 지구의 환경은 비록 순간적으로 고분자 화합물이 나타난다고 하더라도 순식간에 깊은 대양 속으로

휩쓸어 흩어버렸을 것이다.

태양계의 젊은 나이에 대한 최근의 새로운 발견은 달의 먼지의 축적과 관계된 것이다. 2013년에 Phys.org는 미국 나사의 데이터를 인용해서 달의 먼지가 쌓이는 속도에 대한 객관적인 측정치를 보고하였다.[15] 1969년 아폴로 11호가 처음으로 달에 착륙했을 때 우주 비행사들의 발자국이 선명하게 보일 정도로 달의 먼지는 그 양이 적었고, 달의 먼지가 쌓이는 비율도 매우 낮을 것으로 생각되었다. 그러나 그 후 아폴로 12, 14, 15호가 달에 착륙해서 설치한 달 먼지 측정기의 결과에 의하면 달의 먼지는 생각보다 10배나 더 빨리 축적되고 있음이 밝혀졌다. 만약 달의 나이가 45억 년 되었다면 이 속도로 먼지가 쌓일 경우 3km는 되어야 할 것이다. 과거에는 태양계 내에 먼지가 더 많았던 것을 고려할 때 실제로는 그 이상 먼지가 쌓여 있어야 할 것이다.

이 먼지의 축적 속도로부터 역산하면 달의 나이는 훨씬 젊을 수 있다는 것을 의미한다. 최근 달 표면의 먼지가 태양광에 의해서 높이 분산되었다가 다시 가라앉기 때문에 먼지 측정기에 쌓이는 축적 속도가 실제보다 더 빠르게 나타난다는 주장도 있어서 과연 달의 대기가 희박한 먼지층으로 이루어져 있을 가능성을 조사하기 위해서 특수 제작한 인공위성이 달로 보내질 예정이라고 한다. 달의 먼지에 대해서는 좀 더 정확한 정보의 축적이 필요하지만, 달의 먼지가 예상보다 훨씬 빨리 축적되고 있는 것은 사실이다.

이러한 천문학적 증거들 외에도 화석과 지질학적 증거들에서 더욱 많은 증거들이 확보되어 젊은 연대론자들의 주장에 힘을 실어주고 있다. 경인여자대학교 이병수 교수가 발간한 책 《엿새 동안에》 속에는 오래된 지구와 오래된 지층에 모순되는 수많은 과학적 자료들이 체계적으로 잘 정리되어 있다.[16]

그 가운데 그랜드 캐니언의 지층이 최근에 형성된 것에 대한 지질학적 증거와 수억 년 전에 살았다고 알려진 공룡 화석 속에서 발견된 부드러운 생체 조직과 적혈구 등이 젊은 지구의 증거로 제시되었다. 사실 화석의 나이는 지구의 나이에 대한 직접적 증거라기보다는 화석을 포함하는 지층과 화석의 나이로 보아야 하는 것이 좀 더 정확할 것이다. 즉, 젊은 화석 나이는 직접적으로는 지질연대가 매우 젊다는 것을 의미한다. 이것은 곧 오래된 지구 역사의 해석이 틀렸으며, 지구의 역사에 대한 완전히 다른 해석이 필요하다는 것을 의미한다.

미국 창조과학연구소ICR에서 수행한 연대 측정에 대한 RATE 프로젝트 보고서에 의하면 화석, 석탄, 다이아몬드 속에 방사성탄소 C-14가 많이 검출되었다. 반감기가 약 5,730년에 불과한 방사성탄소가 수억 년된 것으로 보이는 화석이나 석탄, 다이아몬드 속에 포함되어 있다는 것은 이것들의 나이가 결코 오래될 수 없다는 것을 분명히 보여준다. 석탄이나 석유를 방사성탄소 연대 측정법으로 측정하면 대략 2만~3만 년 나온다는 사실은 이 분야의 사람들에게는 이미 잘 알려져 있다. 특히, 석탄과 같이 부서지기 쉬운 물질이나 석유와 같은 액체는 방사성탄소가 오염에 의해서 외부로부터 유입되었을 가능성을 열어두더라도, 단단한 다이아몬드나 화석과 같은 것은 외부 오염이 불가능하므로 오래된 연대로는 설명하기가 매우 어렵다. 또한 화강암 속의 지르코늄 속에서 다량 발견되는 헬륨 원자의 높은 농도는 화강암이 겨우 6,000년 이전에 형성되었다는 증거로 보고되었다.

최근 6,500만 년 이전에 이미 멸종한 것으로 알려진 공룡의 화석에서 방사성탄소 C-14가 검출되고, 공룡의 부드러운 조직이 발견되었다. 팔레오Paleo 그룹에서 미국 전역에서 발굴된 수십 개의 서로 다른 공룡 뼈 샘플을 조지아 대학교 방사성탄소 연대 측정 연구소에 의뢰하여 발견한 놀라운 사실은 대부분 공룡 화석 뼈의 수명이 대략 2만~3만 년 사이라는 것이다.[17]

이것은 너무 획기적인 연대 측정 결과이고, 진화론적 연대 체계를 무너뜨리는 발견이기 때문에 진화론자들은 오염에 의한 잘못된 측정이라고 간주하고 있다. 실제로 2012년 싱가포르에서 개최된 서부태평양 지구물리학 학회Western Pacific Geophysics Meeting에 발표된 공룡 뼈 연대 측정 결과는 학회 측에서 해당 논문을 삭제하는 사건도 있었다. 공룡 뼈에 붙어 있던 연부조직은 공룡의 연부조직이 아니라 외부의 박테리아가 발생시킨 물질이라는 주장도 있었으나, 세부 조사에 의하면 이 연부조직은 박테리아가 만들 수 없는 콜라겐 조직이라는 것이 밝혀짐으로써 공룡으로부터 기인한 것이 거의 확실시되고 있다.

이와 같이 젊은 연대를 지지하는 많은 증거에도 불구하고, 젊은 연대를 주장하는 창조론자들이 가장 해결하기 어려운 문제는 바로 우주의 크기이다. 초속 30만km로 달리는 빛은 태양에서 지구까지 8분 만에 도달하지만, 우리 은하의 중심에서 지구까지 오는 데에는 무려 3만 년이나 걸린다. 즉, 어두운 밤하늘을 가로질러 온 은하수의 별빛은 이미 3만 년 이전에 출발한 것이 이제야 지구에 도착한 것이다.

남반부에서 육안으로 보이는 거대한 안드로메다 은하는 지구로부터 250만 광년이나 떨어져 있다. 즉, 지금 보이는 안드로메다 은하는 실제로 250만 년 전의 것이다. 지상에 있는 거대한 천체 망원경이나 지상 600km 우주 공간에서 지구를 공전하면서 별과 은하를 관측하는 허블 망원경은 최근 거의 50억 년이나 떨어진 은하의 별빛을 관측하는 데 성공하였다(그림 18). 이 별빛은 50억 년 전에 출발하여 이제야 우리 지구에 도착해서 망원경에 포착된 것이다.

젊은 연대를 주장하는 미국창조연구회CRS의 이사이자 사우스캐롤라이나 대학의 천문학 교수를 역임한 포크너Faulkner 박사는 1만년 이하의 우주 나이로는 도저히 설명이 어려운 여러 가지 천문학적 현상들을 기술하였다.[18]

- 별로부터 분출되는 가스성운
- 초신성 폭발에 필요한 진행 단계
- 느려지는 중성자성의 나이
- 중성자성 주위의 사라진 폭발 잔여물: 중성자성은 화석별로 창조되었나?

그림 18

허블 망원경이 촬영한 수십억 광년 떨어진 가장 먼 은하들의 사진. 여기서 점들은 개개의 별이 아니라 수천억 개의 별로 이루어진 은하들이다.
(Courtesy of NASA)

• 백색왜성의 냉각 속도로부터 측정된 나이

이러한 천체 현상들은 현재 관측되고 있는 관측 데이터로부터 유도되었기 때문에 수만 년 정도의 젊은 우주론으로는 도저히 설명하기가 어렵다. 이와 같이 지구와 우주의 나이는 젊은 연대에 대한 증거들도 다수 있지만, 1만 년 정도로는 도저히 설명하기 어려운 증거들도 많이 있다. 여기에 창조의 연대 문제의 복잡성과 어려움이 내재해 있다.

우주의 연대 문제는 우주의 크기 문제와도 긴밀하게 연관되어 있다. 그렇다면 우주의 크기는 도대체 얼마나 될까? 어느 누구도 이에 대하여 정확한 대답을 할 수가 없지만 수백억 광년 이상 될 것이라고 보고 있다.

예를 들어, 최근 관측 가능한 우주 직경이 약 840억 광년이라고 알려졌으므로, 만약 우주의 직경이 대략 1,000억 광년이라고 가정하면, 빅뱅 이론에서 주장하는 138억 년의 우주 나이로도 현재의 우주의 존재를 설명하기가 매우 어렵다. 왜냐하면 우주의 평균 팽창 속도는 반지름 500억 광년÷138억 년 = 광속의 3.6배라는 결과가 나오기 때문이다. 이는 곧 우주는 평균 빛의 속도의 3.6배나 되는 엄청난 속도로 138억 년 동안이나 계속 팽창해왔다는 이야기가 되는데, 이것은 물리학자로서도 도저히 받아들이기가 어렵다.

실제로 대부분의 빅뱅 이론가들은 우주의 팽창이 빛의 속도보다 훨씬 빠르게 이루어졌다고 생각한다. 그들은 빅뱅에서 우주의 팽창은 공간 그 자체의 팽창이므로 공간 내에서 움직이는 물체에 적용되는 특수 상대성 이론에 위배되지 않는다고 한다. 하지만 여전히 무언가 설득력이 부족한 느낌이다.

이와 같이 우주의 어마어마한 크기는 창조론자들뿐 아니라 진화론자들도 매우 곤혹스럽게 만들고 있다. 빅뱅 이론을 포함해서 현재까지 인간이 생각해 낸 어떤 이론도 이런 거대한 우주의 기원을 시원스럽게 설명하기가 곤란할 것이다.

너무 거대하여 심지어 빛조차도 우주 이 끝에서 저 끝까지 가보지 못한 이 우주를 과연 젊은 연대를 주장하는 창조론자들은 어떻게 설명할 것인가? 여기에 젊은 연대론자들의 딜레마가 있다.

젊은 연대론에 대한 또 다른 난제는 바로 지구 표면의 수많은 운석공들이다. 현재 남아 있는 운석공들도 수백 개나 되고, 그중 상당수는 전 지구적 멸종을 일으킬 만큼 커다란 운석공들이다. 인류의 역사상 이렇게 큰 운석공들이 떨어진 기록이나 증거가 없기 때문에 대부분의 운석공들은 지구에 인류가 출현하기 오랜 시간 이전에 형성된 것으로 해석된다.[19]

그러나 이런 대형 운석공들이 창조 초기에 일시적으로 형성되었거나, 하나의 거대 혜성이 지구와의 충돌 과정에서 작은 여러 조각으로 분해되어 여러 개의 2차 충돌을 일으켰을 가능성도 배제할 수 없다. 또한 이러한 운석공들이 정확히 언제 형성되었는지 알 수 없으므로 운석공만으로는 지구의 나이가 수십억 년 오래되었다고 보는 데에는 한계가 있다.

정리하자면, 젊은 연대론은 태양계, 지층 그리고 화석적 증거에서 젊은 연대에 대한 많은 증거들을 확보하고 있지만, 우주의 영역에 있어서는 아직 젊은 우주에 대한 과학적 증거와 이론이 부족한 것으로 보인다.

창세기 족보와 6,000년 설

창조의 하루를 24시간으로 보고 〈창세기〉 5장과 11장의 족장들의 나이를 그대로 계산하면 창조는 지금부터 약 6,000년 이전일 것이다. 이 연대는 〈창세기〉의 족보 속에 빠진 사람이나 생략이 전혀 없다고 가정한 계산 결과이다.

현재 개신교 성경으로 사용되는 맛소라 사본과 초대교회에 공식으로 사용되던 70인 역 사본에 기록된 〈창세기〉 족보의 연대표에는 상당한 차이가 있다. 예수님도 70인 역을 가끔 인용하였으며, 〈누가복음〉 3장 34~38절에서 누가는 예수님의 족보를 기록할 때 〈창세기〉 11장에 없는 사람 가이난을 포함하였다. 즉, 아르박삿과 셀라 사이에 가이난이라는 사람이 들어가 있는 것이다. 이 가이난은 맛소라 사본에는 없지만 70인 역에는 아담 이후 2,377년에 태어나서 130세에 아들을 낳고 460살을 살았다고 기록하고 있다. 즉, 누가는 복음서를 기록할 때 70인 역을 참고로 기록했던 것으로 보인다.

저명한 기독교 철학자이자 신학자인 프랜시스 쉐퍼Francis A. Schaeffer는 《창세기의 시공간성》이라는 책에서 〈창세기〉의 족보는 '단축된' 족보이며, 역사적으로 중요한 인물 중심으로 기록되었다고 보았다. 특히, 히브리의 족보 기록 방법은 절대적 연대기chronology 방식이 아니라 중요한 사람들을 중심으로 연대를 생략하거나 건너뛰는 족보genealogy 형태로 기록하는 것이 허용되었기 때문에 〈창세기〉족 보를 절대적인 연대기로 해석하면 안 된다고 하였다.

히브리인들이 사용한 단어 '아들ben'은 아들, 손자, 증손자 등등을 포함하며, 또 '후손'이라는 의미와 동등하게 사용되었다. 마찬가지로 '아버지ab'라는 단어도 아버지, 할아버지, 증조할아버지를 포함하여 '조상'이라는 의미와 같이 사용되었다.

실례로 〈창세기〉 28장 13절에서 하나님은 야곱에게 나타나서 "나는 너의 아버지(우리말 성경에는 조부라고 번역됨) 아브라함과 이삭의 하나님"이라고 말씀하고 있다. 즉, 야곱의 할아버지인 아브라함을 아버지 아브라함이라고 칭하고 있음을 알 수 있다. 이러한 예는 성경에서 많이 발견된다. 쉐퍼 외에도 많은 저명한 보수 신학자들도 유사한 의견을 내고 있다.[20]

맛소라 사본에 의하면 노아의 홍수는 아담 이후 1,656년에 발생한 것으로 계산되지만, 70인 역에 의하면 2,242년이 된다. 맛소라 사본에 의하면 아담의 연대는 5,954 BP가 되지만, 70인 역 성경 사본에 의하면 7,421 BP가 되어 약 1,467년의 차이가 난다. 히브리인들의 족보 기록 방법을 생각하면, 70인 역의 7,421 BP도 분명히 많은 족보가 생략되었을 것이므로 실제 아담의 창조 연대는 그보다 더 오래되었을 수도 있다.

맛소라 사본에만 정경의 권위를 부여하고, 70인 역에는 오류가 있다고 주장하는 일부 견해가 있다. 하지만 이는 곧 가이난을 포함하고 있는 〈누가복음〉의 권위를 부정하는 결과를 초래할 수 있어 신학적으로 상당히 조심하여야 한다.

아담부터 현재에 이르기까지의 기간은 틀림없이 최소 약 6,000년부터 최대 약 2만 년까지의 범위 내에 있을 것이지만, 이를 확장하여 우주의 나이까지 6,000년으로 설명하려면 더 확실한 천문학적 증거가 뒷받침되어야 한다. 그러나 우주를 6,000년으로 설명하는 젊은 연대에 대한 이론 체계가 결여되어 있고, 천문학적 증거도 부족하기 때문에 젊은 연대론자들이 어려움을 겪고 있다.

최근 진화론자들의 공격은 창조과학의 가장 취약한 구조, 즉 우주 연대 부분에 집중되고 있다. 유튜브에 들어가서 'Young Earth'나 'Young Universe'를 입력하면 수많은 연대 관련 논쟁 동영상들이 나온다. 그 가운데 젊은 우주를 주장하는 미국창조연구회CRS의 이사이자 남캐롤라이나 대학교 천문학 교수를 역임한 대니 폴크너Danny Faulkner 박사와 'Reasons to Believe'의 대표이자 역시 천문학자 출신인 휴 로스Hugh Ross 박사의 5시간 논쟁이 있다. 이 장시간의 논쟁에서 폴크너는 달의 로슈 한계, 태양의 밝기 변화 등 젊은 우주에 대한 몇 가지 천문학적 증거를 제시하였지만, 수만 년 이내의 젊은 우주에 대한 증거는 단 하나도 제시하지 못하였다.

폴크너의 젊은 우주의 증거들도 몇 만 년이 아니라 몇 천만 년에서 몇 억년 정도로 138억 년에 비하면 상대적으로 젊다는 의미였지 6,000년보다는 훨씬 오래된 것들이었다. 이와 같이 오래된 우주론자들의 젊은 우주에 대한 공격을 방어하는 것은 매우 어렵다.

창조과학은 창조론과 달리 과학적 방법론과 과학적 증거에 충실하여야 하며 귀납적이고 과학적인 방법을 따라야 한다. 이러한 과학적 방법의 예는 앞에서 설명한 달의 로슈 한계와 공룡 뼈의 방사성탄소 연대 측정과 같은 것들이다. 달의 로슈 한계가 달의 나이를 크게 제한함으로써 달과 지구의 나이가 45억 년이라는 진화론적 주장을 무효화하는 데 유용하듯이, 공룡 뼈의 방사성탄소 연대 측정 결과는 공룡이 수억 년 이전에 살았다고 가정하는 진화론의 연대 체계를 무너뜨리는 가장 강력한 무기가 될 것이다.

그런데 6,000년 설은 맛소라 사본의 족보를 절대적 연대기로 해석하는 문자주의 신학적인 입장 이외에는 어떤 귀납적이고 과학적인 증거가 결여되어 있다. 그리고 창조과학 측에서 제시하는 젊은 연대의 주장들은 모두 6,000년을 뒷받침하는 증거가 아니라 수십억 년의 연대를 부정하는 증거들이다. 예를 들어, 달의 로슈 한계는 달의 나이가 45억 년이 될 수 없고 약 10억 년 이하임을 증명하는 것이지, 달이 6,000년 되었다는 것을 증명하는 것은 아니다.

과연 지구와 우주의 나이는 얼마나 되었을까? 여기에 대한 완전한 대답을 얻기에 충분한 증거들은 현재로서는 부족하다.

은하 속의 별들은 수억 년의 공전 주기를 가지고 은하 중심부를 공전하는데, 이 사실 하나만 보아도 은하의 나이는 수억 년을 쉽게 뛰어넘는 것으로 보인다. 또 수십억 광년 떨어진 은하들이 보인다는 사실은 우주의 나이가 수십억 년 이상 되었다는 것을 직관적으로 느끼게 해준다.

반면에 태양계 내부로 들어오면 젊은 태양계의 나이에 대한 여러 증거들이 보인다. 달의 나이는 로슈 한계에 의해서 최대 약 10억 년을 넘을 수 없다는 것이 분명하게 밝혀졌다. 실제로 달의 나이는 10억 년보다도 훨씬 젊을 수밖에 없다는 증거들이 있다. 또한 토성의 고리는 빠르게 붕괴되고 있으며, 상대적으로 젊다는 것이 최근의 연구로 밝혀지고 있다.

최근 허블 망원경은 우리 은하계의 150여 개의 구상성단 가운데 가장 큰 규모의 구상성단 NGC 2808(그림 19)을 자세하게 관측하였다. 이 구상성단은 약 100만 개 이상의 별로 구성되어 있으며, 약 102억 년의 나이를 가지고 있다고 알려져 왔다. 그동안 천문학

그림 19

100만 개 이상의 별로 이루어진
구상성단 NGC 2808
(Courtesy of NASA)

이론에서 구상성단의 별들은 모두 동일한 나이를 가지고 있으며, 수십억 년 동안 함께 동시에 진화해왔다고 간주되었다.

그러나 허블 망원경은 하나의 구상성단 내에서 그 나이가 서로 상이한 별들을 발견하였으며, 이는 표준 천문학 이론에 위배되는 것이었다.[21] 천문학자들은 구상성단의 기원과 나이에 대하여 상당히 혼돈스러워하고 있다.

지구와 우주의 나이는 아직은 정확히 알 수 없지만, 정설로 굳어진 45억 년의 지구 나이로 해결하지 못하는 것이 여전히 많이 남아 있다. 이 45억 년이라는 나이는 여전히 가설의 상태에 머물러 있으며, 우주의 나이가 138억 년이라는 주장도 어디까지나 허블의 법칙을 가지고 과거로 길게 외삽해서 나오는 주장이다. 이와 모순되는 많은 천문학적 현상이 있다는 사실을 고려할 때, 이 나이 역시 가설 단계를 벗어나지 못하고 있다.

두 가지 시간

흥미로운 것은 우주 연대에 대한 자료들을 검토하면 마치 오래된 연대와 젊은 연대라는 두 가지 시간이 존재하는 것처럼 보인다는 사실이다. 분명 수십억 광년 떨어진 별빛을 보면 우주가 수십억 년 이상 되었다고 느끼게 되지만, 우리 태양계 내부에서 가까이 있는 행성들이나 위성들을 자세히 조사해보면 그 반대의 증거들이 다수 발견된다.

다음 장에서 설명하는 펼쳐진 우주론이나 험프리의 화이트홀 우주론, 하르트넷의 5차원 우주론적 상대성 이론이 모두 이 두 가지 시간을 말하고 있다.

저서 《신의 숨겨진 얼굴》로 유명한 MIT 물리학 박사이자 신학자인 제럴드 슈뢰더는 그의 책 《창세기와 빅뱅》에서 두 가지 시간을 조화시키려고 노력하였다.[22] 그는 태양이 제4일에 창조되었다는 것에 주목하고, 그 이전의 3일은 태양력으로 계산할 수 없다고 하였다. 즉, 태양이 창조된 제4일 이전의 시간은 하나님의 시간이기 때문에 하나님에게 있어서 6일은 지구 시간으로 빅뱅이 발생한 시간과 동일하다고 보았다. 다시 말하면, 창조의 시간을 6,000년으로 해석하는 것과 138억 년으로 해석하는 것은 결국 같은 것이며, 시간의 상대성 효과에 의한 것이라고 보았다.

슈뢰더는 기본적으로 빅뱅 이론과 빅뱅 이론에서 제시하는 우주의 나이 138억 년을 받아들이면서도 〈창세기〉의 6일 창조도 인정하는 입장을 취하고 있다. 그는 시간에 대한 양극단을 아인슈타인의 상대성 이론으로 해결하고자 한 것이었다.

험프리는 《별빛과 시간Starlight and Time》에서 상대성 이론과 화이트홀white hole 가설을 이용하여 연대 문제를 해결하고자 하였다.[23] 화이트홀은 일반 상대성 이론에서 블랙홀black hole의 반대되는 개념이다. 태양보다 10배 이상 무거운 별이 수소를 다 소모하여 그 수명이 다하면 거대한 폭발을 일으켜 초신성이 된다. 초신성은 약 수일에 걸쳐 평소의 수천억 배의 밝은 빛을 우주 공간에 뿌리고 사라지는데, 그 중심에 중성자별이나 블랙홀이 생기는 것으로 알려져 있다.

블랙홀 그 자체는 중력이 너무 강하여 빛조차도 빠져나오기 어렵기 때문에 보이지 않는다. 그러나 블랙홀 주위의 물질들이 소용돌이를 일으키면서 블랙홀 속으로 빨려 들어갈 때 발생하는 강력한 엑스(X) 선을 이용하여 블랙홀의 존재를 간접적으로 확인할 수 있다.

물질들이 블랙홀 속으로 빨려 들어갈 때, 시간도 점점 길어지는 상대론적 효과가 발생한다. 블랙홀 밖에서는 빨리 흘러가는 시간이 중력이 강한 블랙홀 속으로 들어가면서 점점 느려져서 결국 시간이 거의 흐르지 않는 상태로 나아간다.

현대 천문학은 우주에 많은 블랙홀들이 실재하며, 거대한 나선은하나 타원은하의 중심에 매우 큰 블랙홀이 존재하는 것을 발견하는 데 성공하였다. 이제 블랙홀은 가설이 아니라 사실로 증명되었다.

화이트홀은 블랙홀의 반대 개념으로 블랙홀로 빨려 들어간 물질들이 초공간 속의 '벌레 구멍worm hole'을 통하여 이동하여 우주의 다른 지역에서 출현한다는 가설이다. 과거에는 별같이 보이는 작은 물체임에도 불구하고 전체 은하에서 나오는 빛과 맞먹는 에너지를 방출하는 퀘이사quasar가 화이트홀이라는 주장도 제기된 적이 있었다. 그러나 최근 고성능 망원경과 고해상도 검출기 덕분에 지금은 퀘이사가 중심부에 거대한 블랙홀을 가지고 있어서 매우 활발한 활동을 일으키는 활성 은하핵이라는 사실이 잘 밝혀져 있다.

만약에 하나님이 우주를 창조할 때, 거대한 화이트홀을 이용하여 우주를 창조했다면 어떤 일이 발생하였을까? 우주의 중심에 놓인 거대한 화이트홀에서 나온 물질들이 사방으로 확산되어 나가면서 우주 곳곳에서 중력으로 수축하여 별과 은하들이 형성되었을 것이다. 그리고 지구는 화이트홀이 사라지고 나서 마지막에 우주의 중심에 남게 되는데, 화이트홀에서 마지막에 나온 지구의 시간은 천천히 흘러갔고, 먼저 나와서 화이트홀에서 멀리 떨어진 우주의 먼 바깥에서는 시간이 매우 빨리 흘러갔을 것이다. 즉, 지구에서의 6일이 우주 끝에서는 138억 년이 될 수도 있다는 아이디어이다.

험프리의 주장은 하나의 가설이지만, 젊은 연대론과 오래된 연대론을 조화시키려는 하나의 시도로서 그 의미가 있다고 하겠다. 험프리의 가설대로라면 지구에서의 젊은 연대와 우주 끝의 오래된 연대는 둘 다 맞는다고 볼 수 있다. 즉, 젊은 연대론과 오래된 연대론은 충돌할 필요가 전혀 없다.

에드워드 영 박사는 그의 책 《창세기 제1장 연구》에서 시간을 계측하는 데 기준이 되는 태양이 제4일에 창조되었기 때문에 창조의 1~3일의 하루와 4~5일의 하루가 다를 수 있다고 보았다.[24]

아직 우리는 우주와 물질과 시간의 비밀을 다 풀지 못했다. 아인슈타인의 4차원 시공간의 세계를 넘어선 더 높은 차원의 세계가 존재할 가능성을 고려할 때, 오래된 연대론과 젊은 연대론은 서로 하나씩 중요한 진리를 간과하고 있을 가능성이 있다.

하나님의 시간

창조론적 관점에서 볼 때, 우주의 나이는 결국 창조의 시점에서 하나님의 시간과 연결되어 있음을 인식하는 것이 중요하다. 자연주의적 우주론과 달리 창조론적 우주론은 우주가 하나님으로부터 출발하였다고 보기 때문에 우주의 시간은 창조의 시작 순간에 반드시 하나님의 시간과 연결되어 있다.

하나님의 시간은 오늘날 지구상의 인간이 경험하는 3차원적 시간과는 완전히 다를 것이 분명하다. 〈베드로 후서〉 3장 8절에는 "주께는 하루가 천 년 같고 천 년이 하루 같다"고 기록되어 있고, 〈시편〉 90편 4절에는 "주의 목전에는 천 년이 지나간 어제 같으며 밤의 한 순간 같을 뿐이니이다"라고 되어 있다. 이러한 성경 구절은 분명히 하나님의 시간은 인간의 시간과 크게 다르다는 것을 분명하게 말하고 있다.

〈출애굽기〉 20장 11절에는 "이는 엿새 동안에 나 여호와가 하늘과 땅과 바다와 그 가운데 모든 것을 만들고 일곱째 날에 쉬었음이라"라고 하여 마치 하나님이 6일 동안에 우주를 만든 것 같이 기록되어 있다. 이 구절은 시내산에서 모세에게 십계명을 줄 때 제4계명 안식일에 대한 것으로서 두 가지 관점에서 해석할 수 있다.

첫째, 과학적으로 볼 때 이 문장에서 주어는 하나님이기 때문에 '엿새 동안에'라는 기간은 인간의 시간이 아니라 하나님이 일하신 시간이라는 사실이다. 제8장 펼쳐진 우주론에서 더 상세히 설명되듯이, 이 시간은 인간 세계의 시간이 아니라 인간의 시간을 초월한 하나님의 시간이기 때문에 여기에서 3차원적 특정한 시간의 길이를 얻어낼 수 없다.

둘째, 신학적 관점에서 이 말씀은 인간들에게 안식일의 계명을 줄 때 6일 일하고 하루 쉬도록 함으로써 일과 휴식의 리듬을 가르쳐주기 위해서 안식의 모범으로 주어졌다.[25] 다시 말하면, 이 말씀에서 어떤 과학적인 자료를 추출하려는 시도는 적절하지 못하다. 그 이유는 이 말씀을 주신 하나님의 원래 의도와 다른 과학적인 그 무엇을 얻어내려는 것은 성경의 원래 의도를 왜곡시킬 수 있기 때문이다.

성경을 해석함에 있어서 중요한 원칙 중의 하나는 '눈높이 해석법'이다. 즉, 성경은 과학적으로 정확한 용어를 사용하여 사건을 객관적으로 기술하는 것이 아니라, 성경이 기록되던 시대의 사람들의 언어와 문화 수준에 맞추어 그들이 잘 이해할 수 있는 방식으로 기록되었다.

《신약성경》은 상류층이 사용하는 고급 그리스어로 기록된 것이 아니라, 당시 하층민이 사용하는 그리스어로 기록되었다. 즉, 성경은 학식이 없는 어느 누구도 이해할 수 있는 언어로 기록되었으며, 그것도 지금부터 수천 년 이전에 사용되던 평범한 히브리어나 그리스어로 당시의 사람들이 이해할 수 있도록 그 시대의 문화에 맞추어 기록되었다. 따라서 성경에서 오늘날의 과학적 의미를 추출하고자 시도하는 것은 쉽지 않다.

이러한 점들을 고려할 때, '엿새 동안에' 천지를 창조하였다는 말씀으로부터 연역적으로 우주 창조의 연대를 이끌어 내는 것은 불가능할 것이다.

우주 창조의 시간을 알기 위해서는 오늘날 과학적인 방법론에 의하여 얻어지는 모든 데이터를 참고하여 하나님의 말씀에 대한 올바른 해석을 귀납적으로 이끌어 내는 것이 바람직한 방법이다. 즉, 오래되어 보이는 데이터와 젊은 연대에 대한 데이터, 그리고 시간에 대한 정확한 이해가 모두 일관성 있게 연결되는 창조론적 우주론 모델에 대한 연구가 필요하다.

1) http://www.reasons.org
2) H. Ross, *Creation and Time*, Navpress, 1994.
3) Pennock, Robert T, *Tower of Babel, The Evidence against the New Creationism*, The MIT Press, February 28, 2000.
4) http://en.wikipedia.org/wiki/Thomas_Chalmers
5) J. Morris, "젊은 지구, 방사성 동위원소 연대측정," www.kac.or.kr
6) B. Carroll and D. Ostlie, ibid, p.16.
7) http://www.icr.org
8) http://www.answersingenesis.org
9) http://www.creationresearch.org
10) 이병수 편역,《엿새 동안에》, 세창미디어, 2011.
11) 존 모리스 저, 홍기범·조정일 역,《젊은 지구》, 한국창조과학회, 2005.
12) R. Samec and E. Figg, "The Apparent Age of the Time Dilated Universe I: Geochronology, Angular Momentum Loss, in Close Soloar Type Binaries," Creation Research Society Quaterly, vol. 49, Summer, 2012.
13) P. Goldreich and S. Tremaine, "The Dynamics of Planetary Rings," Ann. Rev. Astron. Astrophys. vol. 20, pp.249~283, 1982.
L. H. Shan and C. K. Goertz, "On the Radial Structure of Saturn's Bring," The Asrophysical Journal, vol. 367, pp.350~360, 1991.
14) en.wikipedia.org "Enceladus"
15) http://phys.org/news, "Rediscovered Apollo Data Gives First Measure of How Fast Moon Dust Piles Up", 2013. 11. 20.
16) 이병수,《엿새 동안에》, 새창 미디어, 2011.
17) http://www.dinosaurc14ages.com/carbondating.htm
18) Danny R. Faulkner, "A Review of Stellar Remnants", Creation Research Quarterly, June 2007.
19) 양승훈,《창조와 격변》, SFC, 2011.
20) J. Millam, "The Genesis Genealogies: Are They Complete?"
http://www.godandscience.org/youngearth/genesis_genealogies.html
21) http://en.wikipedia.org/wiki/NGC_2808
22) Gerald L. Schroeder, *Genesis and The Big Bang*, Bantam Books, New York, 1990.
23) R. Humphrey, *Starlight and Time*, Master Books, 1994.
24) Edward J. Young, ibid, p.149.
25) 매튜 헨리 주석, 창세기 20장.

제8장

펼쳐진 우주 창조론

창조과학의 과학적 방법론

우리는 제6장에서 우주 속에 깃든 하나님의 창조의 증거들과 인간을 비롯한 생명체가 안전하게 거주할 수 있도록 특별하게 설계되고 보호되는 태양-지구 시스템에 대해서 살펴보았다. 하지만 제7장에서 상세히 논의하였듯이 여전히 창조론적 우주론에는 젊은 연대부터 오래된 연대까지 다양한 견해가 존재하고 있다. 기원과학의 특성상 데이터에 대한 해석의 차이가 커서 통일된 견해에 이르지 못하고 있는 것이다.

미국 창조연구회CRS의 이사인 폴크너 박사가 잘 지적하였듯이, 젊은 창조론자들은 오랜 연대를 보여주는 천문학적 현상들을 설명하는 데 한계에 부딪치고 있을 뿐 아니라, 전체 우주의 기원에 대한 체계적인 우주론을 제시하는 데 어려움을 겪고 있다. 단순히 빅뱅 이론의 문제점이나 오래된 지질학의 문제점을 지적하는 선에서 그치고 있거나, 어떤 경우에는 전문성이 결여되어 잘못된 해석에서 나오는 주장들도 가끔 있다.

흔히 창조론과 창조과학을 혼동하여 창조론 주장이 창조과학으로 소개되면서 많은 논쟁을 유발하기도 한다. 분명히 기억하여야 할 것은 창조론은 과학이 아니라 신학의 한 분야이며, 성경에 기초하여 창조에 대해서 다양한 신학적 논리를 전개하는 것이다. 여기에는 대부분 과학자들보다는 신학자들이 관여하고 있으며, 성경의 원어 해석이나 문법, 표현 방법, 신학적 관점 등 신학적 연구 방법이 동원되고 있다.

창조론은 크게 자유주의적 해석과 정통주의적 해석으로 나뉜다. 자유주의적 해석은 성경을 시적이고 비유적인 방법으로 해석하고, 성경으로부터 어떠한 객관적이고 과학적 내용을 이끌어 낼 수 없다고 본다. 이에 반해 정통주의적 해석은 성경은 하나님의 계시이기 때문에 영적인 내용뿐 아니라 자연 세계에 대한 객관적이고 과학적인 내용도 포함될 수 있다고 본다.

이 정통주의적인 해석에 따라 초대교회 때부터 〈창세기〉 1장의 하루를 오랜 시간으로 해석하는 주장과 오늘날의 24시간으로 해석하는 주장들이 있어 왔다. 그 외에도 날-시대 이론 day-age theory 이나 간격 이론, 3일-3일 이론 등도 제기되었다. 3일-3일 이론이란 태양이 제4일에 창조되었기 때문에 전반기 3일과 후반기 3일은 같은 시간이 될 수 없다고 보는 견해이다. 이 모든 창조론적 해석은 현대과학의 발달 이전에 이미 제기되었으며, 진화론과 관계없이 거의 초대교회 시절부터 제기된 신학적 이론들이다.

창조과학은 창조론과 달리 창조에 대한 과학적 증거의 수집과 이론 체계의 수립을 통하여 진화론의 과학적 오류를 밝히고, 창조가 바로 우주와 자연을 해석하는 올바른 관점이라는 것을 목적으로 하기 때문에 과학적 방법론에 충실할 필요가 있다. 창조과학은 진화론과 마찬가지로 기원과학Origin Science의 한 분야이므로 실험을 기본으로 하는 작동과학Operation Science과는 그 과학적 방법론에서 크게 차이가 날 수밖에 없다.[1]

작동과학은 실험과학과 동일한 의미이며, 현재 관측되는 자연현상에 대해서 '현상–가설–이론–실험–검증'이라는 과학적 방법론에 의지하여 계속 더 나은 이론을 개발함으로써 진행된다. 즉, 어떤 새로운 자연현상을 관찰하고 나서 이것을 설명하는 그럴 듯한 가설을 세운다. 그 다음 이 가설에 기반하여 좀 더 구체적이고 실험적으로 확인이 가능한 이론을 이끌어 내고, 실험을 통하여 그 이론이 타당한지 검증 단계를 거친다. 일단 검증을 거치면 그 가설은 일단 이론으로 인정되지만, 여러 가지 다른 조건 속에서 수많은 실험과 검증을 거쳐야 그 가설과 이론이 점점 더 확고한 법칙으로 자리 잡게 된다.

이러한 과학적 방법론에서 가장 중요한 것은 한 사람이 실험한 결과는 반드시 다른 사람들에 의하여 동일한 결과가 생산되어야 그 이론이 타당한 것으로 지위를 부여받는다는 것이다. 이 반복성 또는 검증 가능성은 작동과학의 가장 중요한 과학적 방법론이며, 귀납적인 과학적 방법론의 핵심이다.

비록 작동과학적 이론이 많은 검증을 통과하였다고 해서 그것이 완전한 이론이거나 최종적 이론이라고 할 수는 없다. 수많은 작동과학적 이론과 법칙들은 주어진 조건 아래에서 성립하는 것들이 대부분이기 때문에, 조건이 바뀌면 이론도 바뀌게 된다. 그래서 모든 과학적 법칙들을 '잠정적'이라고 한다.

예를 들어, 뉴턴의 역학 법칙들은 200여 년에 걸쳐 예외 없이 가장 완벽한 물리법칙이라고 알려졌지만, 결국 물체의 속도가 빛의 속도에 비하여 훨씬 작다는 조건하에서 성립하는 제한적이고 잠정적인 법칙들임이 밝혀졌다. 만약 물체의 속도가 빛의 속도에 접근하도록 빨라지면 상대성 이론이라는 전혀 다른 법칙이 적용되는 것이다. 18~19세기의 과학자들은 빛의 속도라는 새로운 세계와 그 법칙에 대해서는 상상도 하지 못하였다.

마찬가지로 상대성 이론도 거시 세계에서 빛의 속도에 버금가도록 빨리 움직이는 거시 물체의 운동이라는 조건하에서만 적용된다. 원자나 소립자와 같이 조건이 다른 미시 세계에 들어가면 그 한계가 나타나고, 양자역학이라는 새로운 법칙이 주인이 된다. 반대로 양자역학은 거시 세계에는 적용할 수 없다. 이와 같이 대부분의 자연법칙은 주어진 환경이나 조건 속에서만 성립되는 '잠정적 법칙', '미완성의 법칙' 또는 '한계적 법칙' 들이다.

작동과학의 법칙들이 잠정적이라고 해서 인류가 지금까지 발견한 자연법칙들이 쓸모없거나 무의미한 것이라고 간주하는 것은 더 큰 오류를 범하는 것이다. 우리는 아직 모든 조건에서 성립하는 완전한 법칙을 모르고 있지만, 여전히 주어진 조건하에서는 분명 그 법칙들은 확실하고 유용하다.

앞의 뉴턴의 역학 법칙을 다시 한 번 예로 들자면, 아직 우리는 원자 세계로부터 우주까지 모두 적용되는 통합된 자연법칙은 발견하지 못하고 있다. 하지만 빛의 속도보다 낮은 일상적인 속도에서는 여전히 뉴턴의 역학 법칙은 막강한 법칙이 틀림없다. 따라서 우리는 지금까지 발견되고 검증되어온 작동과학의 자연법칙들을 잘 이해하고 그 역할의 중요성을 인식하여야 한다.

창조론적 우주론의 가장 큰 과제 중 하나는 귀납적인 과학적 방법론에 의한 이론 체계를 수립하는 것이다. 귀납적인 과학적 방법론이란 제시되는 모든 데이터를 열거하고 가능한 한 많은 데이터를 설명할 수 있는 체계적 이론 체계를 구축하는 것이다. 또한 데이터에 오류가 있거나, 이론 체계에 문제가 있을 경우는 언제든지 이론을 수정할 수 있어야 한다. 창조과학이 정당한 과학으로서의 지위를 확보하는 과정에는 반드시 이 수정 가능성이라는 열린 자세가 필요하다.

창조과학은 창조론과 직접적으로 연결되어 있기 때문에 자연스럽게 연역적 방법론이 도입될 위험성이 많다. 특정한 성경 해석으로부터 어느 입장이 정해지고, 그 입장을 지지하는 과학적 증거들만 발췌함으로써 창조과학의 과학적 위상을 확보하고자 할 경우 위험할 수가 있다. 그 과학적 증거들에 오류나 한계가 밝혀지면 성경의 권위가 훼손될 수 있기 때문이다.

이와 같이 연역적 방법론에 의지하는 창조과학 이론 체계는 결론이 무너지면 성경의 신뢰도에 영향을 미치는 위험성이 있다. 과학적 증거를 사용해서 성경의 신뢰성을 높이려는 시도가 오히려 과학적 증거의 불완전성 또는 오류로 인하여 오히려 성경의 신뢰를 떨어뜨릴 수 있다.

또 반드시 생각하여야 할 것은, 과연 성경의 권위를 세우기 위해서 과학적 증거나 지지가 필요한가 하는 것이다. 성경의 권위는 성경 그 자체로부터 나온다는 것을 절대로 잊어버리면 안 된다. 어떤 측면에서는 과학으로 성경을 해석하거나 그 권위를 높이려는 시도 자체가 매우 위험한 인간적 노력일 수 있다. 성경은 수천 년의 역사를 통해서 모든 시대의 모든 사람들에게 주어진 하나님의 메시지이기 때문에 100여 년의 짧은 기간에 발전한 불완전하고 잠정적인 과학적 증거로 성경을 해석하거나 신뢰성을 높이려는 시도는 조심해야 한다.

그동안 과학은 끊임없이 발전해왔다. 하지만 과학적 진리는 궁극의 진리에 도달하지 못하고 끊임없이 그 내용과 범위가 변해왔다. 몇십 년 전에 실험으로 증명되어 분명한 사실로 믿어지던 이론들이 그 후 새로운 발견으로 말미암아 폐기되거나 사라져 가는 과정을 우리는 늘 보아왔다. 현재의 이론과 실험 데이터들도 분명히 미래에는 달라지고 재해석될 것이 분명하다.

이와 같이 비록 실용적이기는 하지만 잠정적이고 가변적인 지식 체계인 과학으로 하나님의 영원한 메시지를 담고 있는 성경을 비판 또는 옹호하는 것 자체가 매우 위험하다. 그렇다고 창조과학적 노력이 불필요하거나 무의미하지는 않다. 모든 시대를 통하여 하나님의 말씀에 대한 도전은 쉬지 않고 다가왔으며, 교회는 이를 방어하기 위하여 많은 노력을 기울여왔다.

다윈 이후 성경의 권위에 대한 가장 강력한 도전은 과학의 옷을 입은 무신론적 자연주의에 그 뿌리를 둔 진화론이다. 진화론이 과학의 언어를 사용해서 성경의 권위에 도전할 때, 이에 대한 가장 효과적인 방어는 전문 과학자들이 동일한 과학의 언어로 과학적 증거에 기반해서 그들의 잘못된 주장을 낱낱이 밝히는 것이다. 따라서 창조과학은 과학적 권위로 성경을 해석하거나 그 권위를 세우려는 시도보다는 과학적 방법으로 진화론의 잘못된 주장과 비과학적 주장을 명쾌하게 밝혀내는 것이 더 중요함을 잘 인식하여야 한다.

진화론과 마찬가지로 창조과학도 작동과학이 아니라 기원과학의 영역에 속하기 때문에 반드시 기원과학적 방법론에 충실하여야 한다. 원인이 되는 자연현상 또는 사건이 현재는 사라지고 없기 때문에 그 흔적만을 찾아 과거의 원인을 밝혀내야 하는 기원과학의 방법론은 실험에 의존하는 작동과학의 방법론과는 많이 다르다.

기원과학은 기본적으로 '사건-흔적-가설-예측-일치'라는 틀 안에서 진행된다. 현재 관측되는 현상의 원인이 과거에 1회적으로 존재하였으며, 현재 남아 있는 유일한 증거는 과거의 흔적이기 때문에 먼저 현상의 과거 원인, 즉 가능한 사건을 가설로 제안한다. 그 가설적 원인으로부터 발생 가능한 현상을 예측하여 일관성 있고 현재 남아 있는 흔적과 납득할 만한 일치가 나타나면 그 가설은 일단 통과된다. 시간 속에서 작동하는 기원과학에 있어서 사건 그 자체는 이미 과거 속으로 사라지고 없으며, 그 흔적만 남아 있을 뿐이다. 이 희미한 흔적으로부터 과거의 사건의 진실을 알아내야 한다.

여기서 일치는 작동과학에서의 검증 과정과 동일하며, 기원과학의 가설이나 이론은 작동과학의 법칙을 사용하여 검증된다. 즉, 기원과학에서 제시하는 가설이나 주장이 우수하다면 작동과학으로 측정하고 검증할 수 있는 예측을 내놓을 수 있어야 한다. 만약, 어떤 기원과학적 이론에서 예측하는 것들이 작동과학의 확립된 이론이나 법칙에 의한 검증 결과와 모순된다면 이 가설은 분명히 잘못되었다.

이 책은 기원과학적 방법론에 충실하고, 귀납적인 과학적 방법론을 따를 수 있는 창조론적 우주 기원론을 바탕으로 하고 있다. 그에 따라 〈창세기〉 1장 1절, 〈욥기〉 38장 5절과 33절, 〈이사야〉 40장 22절에서 아이디어를 얻어 펼쳐진 우주 창조론을 제안하고 있다.

〈창세기〉 1장 1절에는 우주의 궁극적 기원이 우연이 아니라 하나님에 의하여 무로부터 창조되었다는 사실이 기록되어 있다. 즉, 〈창세기〉 1장 1절은 시간과 공간과 물질의 궁극적인 기원이 하나님에게 있다는 사실을 말하고 있다. 〈욥기〉 38장 5절과 33절은 하나님이 정교한 창조 설계에 기반하여 일관적이고 변치 않는 자연의 법칙을 창조하였음을 말하고 있다. 또한 〈이사야〉 40장 22절과 〈욥기〉 26장 7절은 창조의 과정으로 하나님이 우주 공간과 시간을 '펼쳤다'고 말하고 있다.

다시 말하면, 펼쳐진 우주론은 하나님이 창조 설계를 통하여 우주 시공간을 펼치는 과정 속에 우주의 기원이 있다는 유신론적 우주관에 기초하고 있다.

하늘의 펼침

〈창세기〉 1장 1절은 하늘과 땅과 시간을 포함하여 모든 우주 만물이 하나님으로부터 창조되었다는 사실에 대한 기록이다. 그리고 1장 2절부터는 지구(땅)에서 일어나는 하나님의 6일 창조 사역이 단계적으로 기술되어 있다. 특히, 창조 4일에 해와 달과 별이 만들어짐으로써 얼핏 보기에는 지구가 가장 먼저 창조된 느낌을 부여하기도 한다. 그러나 실제로는 해와 달과 별이 1장 1절에서 다함께 동시적으로 그 원형이 창조되었으며, 4일에 완성되어 하늘에 찬란하게 비치기 시작한 것으로 해석될 수 있다.

〈창세기〉 1장에는 우주의 창조 방법에 대한 서술이 빠져 있지만 〈이사야〉 40장 22절에는 창조의 과정으로 해석될 수 있는 성경 기록이 있다.

> 그는 땅 위 궁창(the circle of the earth)에 앉으시나니 땅의 거민들은 메뚜기 같으니라. 그가 하늘을 차일 같이 펴셨으며 거할 천막같이 베푸셨고.

〈창세기〉 1장에서 선언적으로 창조된 하늘에 대해서 여기에서는 좀 더 구체적으로 텐트를 펼치듯이 '펼쳤다'고 기록하고 있다.

이 구절에 대하여 단순히 하늘이 얇게 펼쳐져 있다고 보았던 고대인들이 생각한 하늘을 묘사하고 있다고 주장하거나, 과학적인 의미가 없이 단순히 창조에 대한 시적인 표현이라고 주장하는 사람들도 있을 것이다. 그러나 성경에 기록된 내용은 항상 확고한 사실 또는 진리에 기반을 두고 있고, 그 내용의 표현 방법으로 시의 형태를 사용하고 있다. 따라서 성경에서의 시적 표현은 사실이나 진리가 결여된 단순한 예술적 차원의 시와는 다르다는 점을 기억할 필요가 있다.

예를 들어, 〈출애굽기〉 15장에는 이스라엘 백성을 뒤쫓아 오던 이집트 병거들을 홍해 속에 수몰시킨 사건에 대한 찬송시가 있다.

'주님의 콧김으로 물이 쌓이고, 파도는 언덕처럼 일어서며'(출 15 : 8)와 같은 표현은 실제의 사건을 경험한 백성들이 시적 표현으로 묘사한 것이다.

성경이 비록 당시의 일상적인 언어를 사용해서 심오한 진리를 시적 표현으로 나타내고 있지만, 중요한 것은 그 속에 반드시 시대를 초월하는 진리가 들어 있다는 것이다. 텐트를 펼치듯이 하늘을 펼쳤다는 표현은 분명 하늘의 창조에 대한 시적 표현이자 비유이지만 그 속에는 비유와 시적 표현으로밖에 표현할 수 없는 깊은 진리가 들어 있다.

'하늘을 폈다'는 표현이 성경 〈이사야〉 42장 52절, 44장 24절, 45장 12절, 45장 18절, 48장 13절 등 여러 곳에 반복적으로 일관성 있게 나타난다는 것은 이 말씀 속에 하나님의 창조와 관련된 어떤 매우 중요한 진리가 들어 있다는 것을 말하고 있다. 이 구절의 앞뒤 문맥을 살펴보면, 우상과 창조주 하나님을 비교하는 과정에서 하나님은 지구와 우주를 창조하신 분이라는 것을 강조하는 내용이다. 따라서 이 구절은 하나님이 '하늘'로 표현된 우주를 창조하는 어떤 과정을 표현하고 있는 것이 틀림없다.

여기서 '궁창'은 히브리어로 '둥근 천장' 또는 '원'의 뜻을 갖는 '후그^{hug}'이며, NIV 영어 성경에서는 '궁창'을 동그란 지구라는 의미로 'the circle of the earth'로 번역하였다. 기원전 700년경에 기록된 〈이사야〉서에 지구가 둥글다는 표현이 사용된 것은 과학적인 측면에서 볼 때 놀라운 일이다. 또 '펴다'라는 단어는 히브리어로 '마타흐^{mathach}'인데, '펴다', '(가지가) 뻗다' 등의 의미를 가지고 있다. NIV 영어 성경에서는 'stretch out', 'spread' 등으로 번역하였다.

〈욥기〉서 26장 7절에는 '그는 북편 하늘을 허공에 펴시며, 땅을 공간에 매시며'라고 우주 창조에 대하여 말하고 있다. 여기서 사용된 '펴다'는 말은 히브리어로 '나타natah'인데, '기울이다', '확장하다', '(천막을) 치다'라는 뜻을 가지고 있다. 〈이사야〉 44장 13절에서 '목공은 줄을 늘여natah'에서 보듯이 '나타'가 '늘이다'라는 뜻으로도 사용되었다. 이런 점에서 볼 때 '하늘을 펴는' 것과 '목공이 줄을 늘이는' 것은 모두 어떤 것의 형태를 넓게 또는 길게 확장하는 것을 의미한다.[2]

성경은 절대로 과학 교과서가 아니며, 성경에 과학이나 의학적 용어가 사용되더라도 그것은 어디까지나 당시의 이스라엘 백성들에게 이해되는 지식이다. 성경의 용어들은 당시 히브리 백성들이 사용하던 생활 언어로 전달된 하나님의 말씀이다. 그 옛날 과학이 없던 목축 시절에 기록된 성경 언어를 오늘날 정밀하게 정의되고 가다듬어진 과학적 언어로 그대로 해석한다면 무리이다. 따라서 위의 구절로부터 하나님의 우주 창조에 대한 '매우 희미한 단서' 이상의 구체적인 과학적 내용을 기대하기는 어렵다.

그럼에도 불구하고, 오늘날 첨단으로 발달하고 있는 과학적 지식과 결부함으로써 매우 희미한 단서로부터도 중요한 결과들을 도출할 수도 있을 것이다. 과거 유전학이 발달하기 전에는 절대 불가능하였지만, 오늘날 머리카락 하나로부터 유전자 분석이라는 첨단 기술로 친자 확인이 가능하듯이, 우리는 하나님이 우주를 '펼쳤다'는 이 희미한 단서로부터도 창조론적 우주론을 도출할 수 있다.

이 책에서 제시되는 '펼쳐진 우주 창조론'은 우주의 팽창, 별빛의 적색편이, 연대 문제 등 중요한 천문학적 과제들을 해결할 수 있는 5차원 우주 창조론이다.

차원의 물리학

17세기부터 3세기를 지배해온 뉴턴의 역학은 3차원에서 성립하는 물리학이었다. 즉, 시간은 공간과는 아무런 물리적 관계가 없이 독립적으로 흘러간다는 가정하에 성립되었다.

20세 초 아인슈타인의 상대성 이론은 4차원에서 성립하는 물리학이다. 시간도 공간과 동일한 물리적 차원의 하나이며, 시간과 공간은 서로 연결되어 있음을 발견하고 이론적으로 체계화한 것이 바로 상대성 이론이다(부록 1 참조).

일반 상대성 이론이 발견한 가장 위대한 점은 공간이나 시간이 휘어지거나 펴지거나 할 수 있다는 것이다. 아인슈타인은 중력의 본질을 물질에 의한 시공의 휨으로 해석하였다. 평면에서 직진하는 공도 휘어진 평면에서는 외부의 힘이 없어도 저절로 휘어져 돌아가듯이 지구가 태양을 공전하는 것은 태양의 중력에 의해 휘어진 우주 공간에서 지구가 원을 그리며 휘어져 움직인다는 것이다.

공간뿐 아니라 시간도 그 길이가 늘어나거나 줄어들 수 있다. 공간은 3차원이므로 휘어지는 것으로 나타나지만, 시간은 1차원이므로 그 길이가 늘어나거나 줄어든다. 수학적으로는 시간과 공간은 동일하게 취급되어 상대성 이론에서는 시공時空 4차원 공간으로 함께 다룬다. 우리가 살고 있는 우주는 공간 3차원과 시간 1차원이 합쳐진 시공 4차원 세계이다.

시간의 흘러가는 속도는 관찰자의 속도나 중력의 크기에 의존하기 때문에 우주의 시간을 정할 수 있는 절대시간은 존재하지 않는다는 점을 인식하는 것이 매우 중요하다. 지구에서의 100년이 우주 다른 곳에서는 1만 년이 될 수도 있고, 그 반대가 될 수도 있다. 또 일반 상대성 이론에 의해 중력이 매우 강한 별이나 블랙홀에 가까이 가면 시간이 매우 천천히 흘러간다는 사실이 알려져 있다.

이와 같이 거대한 우주 속에서는 절대시간이란 존재하지 않고 상대적 시간만 존재하기 때문에, 지구에서 볼 때 우주의 나이가 몇 년인가 하는 것은 그리 중요하지 않을 수 있다. 동일한 사건을 두고도 관찰자의 상황에 따라 측정되는 시간의 크기가 다르게 나타나기 때문이다. 그보다는 우주의 창조 과정은 어떻게 진행되었는가 하는 것이 더욱 중요하다.

뉴턴의 3차원 물리학에서 가장 중요한 역할을 하는 것이 에너지보존법칙인데, 3차원 물리학으로는 핵분열에서 발생하는 막대한 에너지를 설명할 방법이 없다. 즉, 핵분열 현상은 3차원 물리학의 에너지보존법칙에 위배된다. 그러나 아인슈타인의 4차원 상대성 이론에서는 (에너지) = (질량)×(광속)^2 또는 $E=mc^2$이라는 질량-에너지 전환 공식에 의하여 설명이 가능하고 4차원으로 확장된 에너지보존법칙에 위배되지 않는다.

비슷한 논리로, 5차원이 존재한다면 4차원의 물리학의 한계 극복이 가능하다. 예를 들어, 우주의 창조와 관련하여 가장 어려운 문제는 에너지가 어떻게 생겨났는가 하는 것이다. 현재 물리학의 에너지보존법칙으로는 우주 속의 엄청난 에너지가 저절로 발생하는 것은 불가능하기 때문이다.

빅뱅 이론에서 가정하는 최초의 초고온 초고밀도의 불덩어리 에너지가 어떻게 존재하게 되었는가 하는 것은 자연주의적으로 설명이 불가능하다. 빅뱅 이론가들은 진공의 양자 요동* 현상에 의해서 갑자기 이 우주가 나타날 수 있다고 주장하지만, 이 거대한 우주의 엄청난 물질과 에너지가 거품이 끓듯이 진공 속에서 순간적으로 입자-반입자의 양자쌍으로 나타났다가 재결합하면서 사라지는 양자 요동으로부터 기원했다는 것은 도저히 받아들이기 어렵다. 신을 믿지 않는 과학자들에게 신에 의한 창조가 받아들이기 어렵듯이 원자보다 작은 양자 세계에서 일어나는 양자 요동으로부터 이 거대한 우주가 나타났다는 것 역시 받아들이기가 쉽지 않다.

빛의 속도와 관련하여 4차원 물리학에서는 아인슈타인의 광속 불변의 법칙이 성립한다. 그러나 5차원 물리학에서는 빛의 속도는 달라질 수 있으며, 5차원에서 4차원으로 우주가 창조될 때 빛의 속도가 변하는 현상이 나타날 수 있다. 최근 오스트레일리아의 천문학자가 먼 우주의 별빛을 관측한 결과, 과거에는 빛의 속도가 지금보다 훨씬 빨랐을 가능성이 있다고 한 점은 주목할 만하다.

이와 같이 낮은 차원에서 불가능한 현상도 높은 차원에서는 아무런 문제가 되지 않을 수 있다. 낮은 차원의 물리적 현상이 높은 차원에 근원을 두고 있는 경우 높은 차원을 고려하지 않으면 해결이 불가능하다. 현재까지의 물리학이 검증할 수 있는 우주는 아인슈타인의 시공time-space 4차원까지가 전부였다. 그러나 이들 이론들은 4차원 물리학 내에서 해결하지 못하는 근본적인 한계에 부딪히

---

* 양자 요동 : 물리학에서는 진공을 아무것도 없는 무가 아니라 수많은 입자와 반입자가 극히 짧은 시간에 나타났다가 사라지는 소립자가 들끓는 상태로 묘사한다.

고 있으며, 이는 더 높은 차원의 물리학을 가정하지 않고는 해결하기 어렵다.

1921년 수학자 칼루자Theodor Kaluza는 5차원 방정식을 이용하여 아인슈타인의 일반 상대성 이론과 맥스웰의 전자기 이론을 결합하는 5차원 이론을 발표했다. 차원을 하나 늘림으로써 그동안 전혀 상관없이 독립적으로 보이던 중력 이론과 전자기 이론을 하나의 이론으로 통합한 것이었다.

칼루자는 자신의 논문을 아인슈타인에게 보였고, 아인슈타인은 정밀한 검토 끝에 매우 매력적인 이론이라고 평가하였다. 하지만 당시의 물리학계의 분위기는 완전히 양자역학의 개발에 몰두되어 있어서 시대를 너무 앞서간 칼루자의 논문에 아무도 깊은 관심을 보이지 않았다.

아직까지 칼루자의 5차원의 존재에 대한 어떠한 실험적 증거도 발견되지 않고 있지만, 5차원이 없다고 단언할 수도 없다. 오히려, 최근의 연구 추세는 높은 차원의 존재를 기정사실화하고 이를 탐구하는 새로운 이론과 실험 방법을 찾고 있다.[3]

칼루자의 고전적 5차원 이론을 더 발전시켜서 쿼크나 전자 같은 소립자의 존재와 4가지 근본적 힘-강한 핵력, 약한 핵력, 전자기력, 중력-을 모두 결합하여 우주와 물질의 가장 근본을 설명하려는 초끈 이론superstring theory이 개발되었다.

초끈 이론의 기본 개념은 마치 하나의 현의 진동수에 따라서 여러 음계가 나오듯이, 물질의 가장 근본적인 단위는 입자가 아니라 특정한 길이를 갖는 극히 미소한 '끈'의 형태를 띠고 있으며, 이 끈의 진동에 따라 서로 다른 소립자들이 나타난다는 가설로부터 출발한다. 이 끈의 길이는 플랑크 길이$^{Planck\ length}$라 불리는데, 10^{-33}cm 정도로 극히 작아서 직접 관찰이 불가능하다. 또한 이 끈의 장력은 플랑크 힘$^{Planck\ force}$이라 불리는데, 10^{44}N(뉴턴, 힘의 단위) 정도로 상상을 초월할 정도로 강하다. 지구의 무게가 10^{25}N 정도이고 태양의 무게가 10^{30}N 정도이며 우리 은하계의 무게가 10^{41}N 정도임을 감안한다면, 플랑크 길이를 갖는 미세한 초끈의 장력이 은하계 1,000개의 무게와 맞먹는 정도로 크다는 사실을 알 수 있다.

초끈 이론에 의하면 우주는 11차원으로 구성되어 있으나, 7차원은 플랑크 길이 정도의 미소한 크기로 축소되어 말려버렸으며, 사람이 관측 가능한 큰 공간은 공간 3차원과 시간 1차원이라는 것이다. 즉, 초끈 이론은 기존의 시간 1차원과 공간 3차원, 즉 시공 4차원을 구성하는 큰 차원 외에 다른 큰 차원은 더 이상 존재하지 않는다고 본다.[4]

그러나 최근 ADD 모델로 알려진 '큰 여분의 차원$^{large\ extra\ dimension}$'이나 '우주적 여분의 차원$^{universal\ extra\ dimension}$' 등 기존의 시공 4차원을 넘어서는 큰 여분의 차원에 대한 연구가 활발히 진행되고 있다(부록 2 참조).[5] 이러한 이론들은 우주는 지금까지 알려진 시공간 4차원의 큰 차원 이외에 다른 큰 차원이 존재할 가능성을 열어놓은 것이다. 리사 랜들이 《숨겨진 우주》에서 도입한 5차원 물리학에서 제안하고 있는 것과 같이 공간 3차원을 넘어서서 여분의 높은 차원을 고려하는 이론들에 의하면, 전자기력은 기존의 4차원을 통해서 전파되지만 중력은 여분의 차원을 통해서도 전파되므로 5차원에서 보면 중력이 전자기력에 비해서 매우 약하게 나타난다고 보고 있다.

성경 속에는 인간이 사는 세상과 다른 차원에 거주하는 천사와 같은 존재들에 대한 수많은 언급이 있으며, 천사와 같은 존재들이 지구의 사람을 방문한 사건이 여러 곳에서 나온다. 〈창세기〉 18장에는 아브라함이 인간의 모습으로 나타난 세 천사를 만나서 대화하는 장면이 나온다. 〈창세기〉 19장에는 소돔 성에 살던 롯이 두 천사의 방문을 받고 대화하는 장면도 있다.

예를 들어, 2차원 평면에 사는 개미의 앞에 3차원 공간을 자유롭게 날아다니는 나비가 잠시 앉았다고 생각해보자. 2차원 개미는 3차원에서 하늘을 나는 나비를 볼 수 없으며, 나비가 2차원에 앉아야 비로소 볼 수 있기 때문에 2차원 개미는 갑자기 나타난 놀라운 형체의 나비를 보고 몹시 놀라고 이해할 수가 없을 것이다. 또 나비가 날아가면 개미의 입장에서는 나비가 순간적으로 사라지는 기적이 발생하였다고 생각할 것이다. 그러나 나비의 입장에서는 모든 것이 3차원 공간 속에서 매우 자연스러운 행동일 뿐이다.

이와 같이 높은 차원이 낮은 차원과 만나면 낮은 차원에서는 과학적으로 설명할 수 없는 현상이 발생하고 기적이라고 여겨진다. 만약 우리가 알고 있는 시공 4차원 이외에 더 높은 차원이 존재하고 하나님이 이 높은 차원에 거주하고 있다면, 우리가 전부라고 알고 있는 우주와 자연법칙은 마치 종이 위의 평면이 우주의 전부라고 알고 있었던 개미와 같이 매우 작고 제한적인 것들이 될 것이다.

현재 대부분의 과학적 연구에 적용되고 있는 자연주의적 우주론은 우리가 알고 있는 시공 4차원의 세계가 존재하는 모든 것이라는 가정 위에 물질적이고 자연적 과정들에 의해서만 우주가 발생하였다고 가정하고 있다. 다른 차원의 세계가 존재하지 않으며, 모든 자연 현상은 초자연적 현상의 개입이 없이 순전히 물질주의적 과정으로만 설명하려고 노력한다. 빅뱅 우주론이나 생명 진화론이 바로 이러한 자연주의적 과학의 입장을 잘 나타내는 과학 이론들이라고 할 수 있다.

이에 비하여 창조론적 우주론은 더 높은 차원이 존재하며, 더 높은 차원의 개입을 통하여 기적이라고 불리는 현상도 충분히 존재할 수 있다고 본다. 또 우주와 생명의 기원은 절대로 자연주의적 과정으로 설명하는 것이 불가능하기 때문에 반드시 더 높은 차원과 창조의 과정을 고려하여야만 진정한 해답이 나올 것으로 생각한다.

펼쳐진 우주 창조론(Stretched Cosmology)

창조론적 우주론의 출발점은 처음의 우주가 창조주가 존재하는 높은 차원으로부터 기원했다는 생각이다. 여기서 높은 차원이란 우리 인간이 경험하는 시간과 공간으로 구성되는 시공 4차원의 세계보다 높은 차원을 의미한다. 이 높은 차원이 5차원인지 그 이상의 차원인지 우리는 알 방법이 없지만 일단 5차원만 도입하여도 충분하다.

그리고 이 높은 차원은 초끈 이론에서 말하는 극히 미세하고 말려들어서 관찰할 수도 없고 거주할 수도 없는 그런 차원은 아닐 것이다. 높은 차원은 인간이 관찰할 수 있는 시간이나 공간과는 전혀 다른 성질을 가진 차원일 수도 있지만 분명 우리의 시공간과 서로 상호작용이 가능할 것이다.

만약 신의 세계, 즉 창조주의 세계가 존재한다면, 그것은 우리 인간의 세계보다 질적으로 다른 차원일 것이다. 그 차원은 물질세계의 차원이 아니고 그 특성이 전혀 다른 영적 차원일 수 있다. 아직 인간의 과학은 아인슈타인의 시공 4차원 이상의 다른 세계에 대해서 아는 것이 전혀 없다. 그렇다고 이런 질적으로 다른 세계의 차원이 없다고 단정할 수도 없다.

펼쳐진 우주론에서는 아직 현대과학이 발견하지 못한 어떤 높은 차원(5차원)에서 창조된 씨앗우주 seed universe가 시공 4차원의 낮은 차원으로 펼쳐지는 과정 속에 창조의 비밀이 숨어 있다고 본다. 이해를 돕기 위해서 종이를 둘둘 만 상태에서 쭉 펴보자. 처음에 말린 종이는 부피도 작고, 종이 이 끝에서 저 끝까지 매우 가까이 붙어 있다. 그러다 펴지면서 서로 멀리 떨어지게 된다. 종이 위에 개미가 있다고 할 때, 처음 펼쳐진 상태라면 종이 이쪽 끝에서 저쪽 끝까지 가는 데 많은 시간이 걸리겠지만, 말린 상태에서는 잠깐 밖에 걸리지 않는다.

또 다른 예로, 장미가 필 때의 과정을 살펴보자. 처음에는 작은 봉오리 속에 작은 꽃잎들이 밀집되어 있다가 펴지면서 서로 멀리 떨어지고 크기가 증가한다. 장미꽃의 펼침 과정에서 장미의 정보의 양은 변하지 않고, 단순히 모양과 크기만 확장된다. 우주의 창조 과정에서도 이러한 일이 발생하지 않았을까?

다음의 그림 20처럼 평면 바닥에 떨어져서 수평으로 확산되는 물방울을 생각해보자. 3차원적 구조를 갖는 물방울이 3차원의 공간 속에서 아래로 떨어져 바닥에 부딪치면 바닥면을 따라서 수평, 즉 2차원의 세계로 확산된다. 즉, 3차원의 물방울에서 2차원의 평

그림 20
3차원 공간 속의 물방울이 2차원 평면 속으로 확산되어 펼쳐진다.

면 물방울로 펼쳐지면서 그 크기가 커지게 된다.

이와 같이 높은 차원 속에서 창조된 씨앗우주가 시공 4차원 또는 3차원 공간과 1차원 시간 속으로 펼쳐질 때, 만약 우리가 3차원의 지구에 거주하고 있다면 우주가 어떻게 보이기 시작할까? 얼핏 3차원 우주의 어느 중심 부분에 별들과 은하들이 나타나서 점점 바깥으로 확산되는 것으로 생각될 것이다.

이러한 생각은 차원에 대한 이해 부족으로, 높은 차원 속의 씨앗우주가 시공 4차원으로 '펼쳐질 때'는 3차원 공간과 시간 1차원을 포함해서 동시적으로 시공 4차원 전체 우주가 탄생하는 것이다. 다시 말하면, 시공 4차원 우주 전체가 5차원 또는 더 높은 차원으로부터 내려오는 것이며, 이미 존재하던 3차원의 공간과 1차원 시간 속에서 우주의 크기가 확장되는 것이 아니다.

높은 차원으로부터 공간 3차원 세계가 탄생하는 것은 어마어마한 사건일 것이다. 직경 수백억 년 크기의 우주 속에 도처에서 별들과 은하들이 동시적으로 출현하는 거대한 광경을 상상해보라!

2차원 세계에 사는 개미가 3차원 세계의 나비를 볼 수 없듯이, 3차원 세계에 있는 사람에게는 높은 차원이 보이지 않는다. 공간과 시간과 물질을 포함하는 시공 4차원 우주 그 자체가 창조되기 때문에 시공 5차원의 씨앗우주가 시공 4차원 세계로 펼쳐지는 창조의 순간에는 수억 광년 떨어진 별들과 은하들, 그리고 빛의 속도로 달리고 있는 우주에 충만한 빛들도 모두 동시적으로 나타난다.

또 그 빛들은 이미 씨앗우주 속에서 각자 자신이 출발한 별과 은하의 정보를 정확하게 지니고 있는 상태이다. 이 빛들이 시공 4차원 우주 속으로 펼쳐졌기 때문에 별이나 은하의 정보를 그대로 간직할 수밖에 없고 우리가 그 빛을 관측하여 연구한 결과들은 과학적으로 정확할 수밖에 없다.

만약, 하나님이 씨앗우주를 높은 차원에서 작은 규모로 창조하였다면, 높은 차원 내에서의 별빛 이동은 매우 빨랐을 것이고, 우주 이 끝에서 저 끝까지 짧은 시간 이내에 이동이 가능하였을 것이다. 따라서 우주의 모든 구석구석은 서로 많은 상호작용을 하였고 그 흔적이 남아 있을 것이다.

그리고 퍼지고 난 후의 우주에서는 은하들이 멀리 떨어지게 되고, 서로 작용하는 중력도 매우 약하며, 중력과 빛이 도달하는 시간도 매우 많이 걸리게 된다. 따라서 우주는 '매우 오래된' 것처럼 나타나게 되며, 우주의 멀리 떨어진 영역들은 마치 오래전에 서로 많은 상호작용을 한 것처럼 보이게 된다. 즉, 우주의 서로 멀리 떨어진 영역이 서로 많은 상호작용을 한 것처럼 보이는 지평선 문제가 자연스럽게 해결된다. 초기 빅뱅 이론은 이 문제를 해결할 수 없었으며, 구스는 바로 이 문제를 해결하기 위해서 인플레이션 빅뱅 이론을 도입하였다.

일단 펼침이 끝난 현재의 우주 상태는 물질은 말할 것도 없고 심지어 가장 빠른 빛조차도 우주를 다 지날 수 없을 만큼 크다. 따라서 우주의 서로 멀리 떨어진 영역은 상호작용하는 것이 불가능하게 된다.

펼쳐진 우주론에서는 우주의 공간적 크기만이 아니라 시간도 펼쳐지게 된다. 비록 최근에 우주가 창조되었다 할지라도 시간 펼침 효과에 의해서 천문학적으로 관측되는 우주는 수백억 년된 것처럼 공간과 시간이 펼쳐져 보이게 된다.

펼쳐진 우주론의 조건

펼쳐진 우주론에서, 씨앗우주가 펼쳐지는 과정에서 창조된 우주가 안정성을 가지기 위해서는 두 가지 우주 창조의 원리가 전제되어야 한다. 하나는 우주의 안정성 조건이고, 다른 하나는 우주의 경계치 조건이다.

첫째, 우주의 안정성 조건은 창조된 우주가 중력만으로 안정적으로 존재하려면, 반드시 우주 속의 모든 은하들이 충분히 중력을 이기도록 팽창하는 상태에 있어야 한다는 것이다. 즉, 우주는 중력에 의한 수축을 이길 수 있도록 확장되고 있어야 한다. 만약 은하들이 정지해 있다면 곧 중력에 의해서 수축하기 시작할 것이고, 시간이 지날수록 엄청난 가속도를 가지고 안으로 수축하기 시작한다.

일단 전체 우주가 중력 수축을 일으키기 시작하면, 점점 빠른 속도로 별들과 은하들의 거리가 가까워지게 되어 밀도는 무한대로 증대되고, 별들과 은하들은 충돌로 인하여 우주의 온도는 엄청나게 상승하게 된다. 곧이어 초신성 수천억 개가 동시에 폭발하는 것과 같은 엄청난 폭발과 혼란 속에서 우주가 파괴되어버린다.

우주가 안정 상태를 가진다는 의미는 곧 우주 속의 어느 지점에서 보아도 우주는 동일하게 팽창하는 상태가 되어야 한다는 뜻이다. 이러한 조건은 바로 멀리 있는 은하일수록 거리에 비례해서 더 빨리 팽창하는 상태 속에서 창조되어야 함을 알 수 있다.

만약 우주가 팽창하기는 하되 모든 은하들이 같은 속력, 즉 등속으로 팽창한다면 이는 곧 은하들 사이의 상대 속도는 제로이며 정지 상태와 동일하게 된다. 즉, 다시 국부적으로 은하들이 중력으로 수축하기 시작할 것이며 우주는 파괴되어버린다.

팽창에 의한 안정성 조건을 만족시키는 우주 모델 가운데 하나가 평면 우주이다. 이 우주는 끝없이 무한히 펼쳐져 있으며, 멀리 나갈수록 은하들의 팽창은 거리에 비례해서 빨라지고, 결국 가장자리의 은하들은 거의 빛의 속도로 멀어져가야 한다. 그런데 상대성 이론에 의하면 질량을 가진 물체가 빛의 속도에 근접하는 것은 불가능하므로 은하와 같이 거대한 물체가 빛의 속도로 확산되어 간다는 것은 좀처럼 이해하기가 쉽지 않다.

우주의 안정성 조건을 만족시키는 또 다른 우주 모델은 공간 3차원 우주가 공간 4차원과 같은 더 높은 공간 차원의 구형 표면에 존재하는 것이다. 예를 들면, 공간 4차원의 구의 표면에 바로 우리가 살고 있는 공간 3차원 우주가 존재하게 되면 우리 눈에 보이는 공간 3차원 우주는 공간 4차원에서 볼 때에는 하나의 '막'으로 나타난다. 이런 우주를 아인슈타인의 구면 우주라고 한다. 아인슈타인은 우리의 공간 3차원 우주가 공간 4차원의 표면이라고 생각하였다.[6]

〈이사야〉 40장 22절에서 텐트를 펼치듯이 하늘을 펼쳤다는 표현은 바로 4차원 공간에서 볼 때 3차원 공간의 막을 펼치는 것으로 해석될 수 있다.

휘어진 공간, 즉 4차원 구면 우주 표면에 존재하는 3차원 우주는 은하들이 팽창하지 않아도 안정성 조건을 만족시키기 때문에 훨씬 자연스럽고 안정적인 상태가 된다. 또한 휘어진 3차원 우주는 비록 은하들이 팽창하지 않아도 별빛이 휘어진 공간을 진행하는 동안 거리에 비례하는 적색편이가 발생하기 때문에 허블의 법칙을 그대로 사용하여 멀리 떨어진 은하와의 거리를 측정하여도 틀리지 않는다.

둘째, 우주의 경계치 조건은 우주의 끝이 존재해서는 안 되며, 우주의 어느 지점에서 보더라도 우주는 동등한 구조를 가져야 한다는 것이다. 만약 편평한 3차원 공간 속에서 우주의 안정성 조건을 따라 우주가 창조되었다면, 우주의 가장자리에 위치한 은하의 입장에서 볼 때 우주의 한편에는 별과 은하들이 존재하고 다른 한편에는 별과 은하가 전혀 없는 상태가 된다. 즉, 우주의 비대칭성 또는 비등방성이 발생하고, 결국 중력의 비대칭성에 의하여 우주는 또다시 불안정한 우주가 된다. 즉, 편평한 3차원 공간으로는 우주의 안정성 조건과 경계치 조건을 모두 만족시킬 수 없다는 것이 명확하다.

따라서 공간 3차원 우주는 공간 4차원 또는 그 이상의 높은 공간 차원에 존재하는 어떤 구의 표면에 존재하는 휘어진 3차원 우주일 가능성이 있다. 우주의 팽창은 바로 높은 차원의 공간의 팽창에서 유발된다. 풍선의 표면에 등 간격으로 점을 그리면 어느 점에서 보아도 동일한 형태가 나타나듯이, 휘어진 3차원 공간의 우주는 팽창하는 4차원 공간의 표면에 존재하게 될 때 경계치 조건이 만족되어 우주의 어느 위치에서 보아도 균일성과 등방성을 만족시킨다.

5차원 물리학과 구면 우주론

아인슈타인은 우주의 구조에 대해서 '휘어진 구면'일 것이라고 추측하였다. 그의 우주 모델은 '아인슈타인의 구면 우주'라고 불린다. 아인슈타인은 그의 구면 우주가 자체 중력에 의해서 붕괴할 수밖에 없다고 생각하였고, 이 중력 붕괴를 방지하기 위하여 원래 방정식에 없었던 우주 척력에 대한 상수, 즉 우주 상수를 도입하였다. 그러나 나중에 구면 우주가 팽창하거나 아직 알려지지 않은 제5의 힘이 존재한다면, 아인슈타인의 구면 우주는 안정적일 수 있음이 밝혀졌다.

클라크Alan Clark는 《5차원 물리학: 빅뱅이여 안녕》이라는 책에서 5차원 물리학 체계를 소개하고, 5차원 물리학에 의하면 빅뱅이 필요 없다는 것을 보여주었다.[7] 이스라엘 벤구리온 대학에서 이론물리학 앨버트 아인슈타인 교수를 역임한 카르멜리Carmeli는 클라크의 5차원 물리학을 기초로 하여 5차원 우주론적 상대성 이론을 발표하였다.[8] 그는 3차원 공간이 팽창하는 또 하나의 방향, 즉 4차원 공간 방향을 설정하고, 우주가 팽창하는 구면이라는 전제하에 우주 전체에 적용되는 우주론적 상대성 이론을 유도하는 데 성공하였다. 또 그는 5차원 물리학의 예측이 수십억 광년 너머의 먼 은하에 대한 최근의 측정 결과와 일치한다고 주장하였다. 최근 이 이론에 따라 우주는 암흑 물질이나 암흑 에너지가 필요 없다고 연구되고 있다.

특히, 하르트넷Hartnett은 5차원 우주론을 팽창하는 구면 우주에 적용함으로써 창조 주간에 우주 공간이 펼쳐졌으며, 지금은 그 펼침이 끝났다고 주장하였다. 그는 이 기간에 엄청난 시간 팽창이 발생하였기 때문에 지구에서 측정되는 원자 시간으로는 지구의 나이가 매우 젊지만, 우주 시간으로는 수백억 년이 흘렀다고 하였다.[9] 원자 시간과 우주 시간은 각각 이 책에서 제안하는 펼쳐진 우주론의 창조 나이와 겉보기 나이와 거의 동등한 개념이다.

이와 같이 차원을 하나 높임으로써 새로운 물리학이 탄생하게 되고, 우주를 이해하는 관점이 완전히 달라질 수 있다. 비록 아직 완전하게 증명된 것은 아니지만, 5차원 또는 그 이상의 차원이 없다고 할 수는 없다. 오히려, 하버드 대학 물리학 교수 리사 랜들의《숨겨진 우주》에 나타난 바와 같이 최근의 물리학은 높은 차원을 고려하여 새로운 길을 찾는 방향으로 나아가고 있다(부록 2 참조).[10]

참고로, 미국 아파치 관측소에서 2.5m 전용 망원경을 사용해서 2000년부터 시작된 우주의 구조에 대한 측정 결과에 의하면, 우주는 구면이 아니라 '매우 편평한' 형태라는 것이 밝혀지고 있다.[11] 그렇지만 이 결과가 우주가 편평하다는 것을 완전히 증명하는 것은 아니다. 다만, 현재의 측정 기구와 방법으로 측정 가능한 범위까지는 우주가 휘어져 있다는 증거를 발견하지 못했다는 의미이다.

이것은 마치 지구의 표면이 평면이 아니라 구면으로 휘어져 있다는 사실을 밝혀내려면 수십 킬로미터 거리의 측정으로는 밝히기 어렵고, 최소한 수만 킬로미터 이상의 거리까지 측정 범위를 넓혀야 하는 것과 같다. 우주가 너무 크기 때문에 아직 현재의 망원경의 측정 범위로는 우주가 완전 평면인지 휘어져 있는지 결론을 내리기는 어려워 보인다. 현재로서는 우주가 평면 우주인지 휘어진 우주인지 그 증거가 부족하여 판단을 내리기가 어렵지만, 두 가지 가능성을 모두 열어놓고 앞으로 쌓이는 관측 데이터와 일치하는 것을 찾아내는 것이 숙제로 남아 있다.

만약 우주가 아인슈타인이 생각한 구면 우주처럼 구면이라면, 공간 4차원의 높은 차원 속에서 휘어진 공간 3차원 우주의 모습은 그림 21과 같이 구형일 가능성이 있다. 공간 4차원 표면에 위치한 공간 3차원 우주는 마치 3차원 지구 표면에 해당하는 2차원 속에 사람들이 흩어져 있는 것과 유사할 것이다. 공간 4차원 구면 우주론은 시간 1차원을 더하면 곧 5차원 우주론이 된다. 이와 같은 5차원 우주의 구조는 앞에서 요구되는 우주의 안정성 조건과 경계치 조건을 모두 만족시킨다.

그림 21

휘어진 공간 3차원 우주는 4차원 구면 공간의 표면에 존재하며, 유한한 크기를 가지지만 3차원 우주 속에서는 무한한 것처럼 보인다.

창세기 1장과 펼쳐진 우주론

펼쳐진 우주론에서의 우주의 시공간이 펼쳐져 우주가 창조되는 과정은 〈창세기〉 1장에서의 창조 순서와 어떻게 관련되어 있을까?

〈창세기〉 1장 1절에서 '하늘들과 지구'의 뜻을 갖는 '천지the heavens and the earth'의 창조는 바로 우주 전체의 창조를 말하고 있다. 펼쳐진 우주론에서의 시간과 공간이 펼쳐져 우주가 창조되는 과정은 바로 〈창세기〉 1장 1절에 해당된다.

1장 2절 이후는 우주의 창조가 끝난 후 초점이 지구로 옮겨져서 혼돈하고 공허한 상태의 지구 환경이 사람과 생명체가 살 수 있는 환경으로 단계적으로 창조되는 과정을 말하고 있다. 즉, 빛의 창조, 육지와 바다의 창조, 식물의 창조, 해와 달과 별의 창조는 모두 지구상에 생명이 살 수 있는 조건을 만들어 가는 것이다.

먼저 주목할 것은 '창조bara, creation'라는 단어와 '만듦asah, making'이라는 단어의 차이이다. '창조'는 〈창세기〉 1장에서 단지 3가지 경우에 사용되는데, 〈창세기〉 1장 1절에서 '태초에 하나님이 천지를 창조하시니라'와 다섯째 날의 동물의 창조, 그리고 여섯째 날의 사람의 창조이다. '창조'는 기본적으로 무에서부터의 창조를 의미한다. 이에 비하여 4일째의 해와 달과 별을 비롯한 다른 창조 과정은 '만듦'이라는 단어가 사용되고 있다. 육지와 바다, 식물 그리고 넷째 날의 태양과 달과 별들은 모두 '만들었다'고 되어 있다.

창조bara와 만듦asah이 가끔 혼용되어 사용되기도 하지만, 기본적으로 '만듦'은 어떤 기존의 재료로부터 성분의 변화나 구조의 변화를 통하여 다른 형태로 지어내는 것을 의미한다. '만듦'의 과정은 무로부터의 창조가 아니라 먼저 존재하던 어떤 재료로부터의 변형을 나타내는 것이다. 태양과 달과 별들은 넷째 날 무로부터 창조된 것이 아니라 〈창세기〉 1장 1절에 첫째 날 창조된 태양과 달과 별의 원형으로부터 '만듦'의 과정을 통하여 넷째 날 비로소 하늘에 나타난 것이다.

〈창세기〉 1장을 해석할 때 중요한 것은 〈창세기〉 1장의 기록이 당시 사람들이 땅 위에서 하늘을 바라볼 때 이해되는 내용이라는 것이다. 1장 15절 '또 그 광명이 궁창에 있어'에서는 궁창이 우주 공간이고, 1장 20절 '땅 위 하늘의 궁창에는 새가 날으라'에서는 궁창이 대기권임을 고려해볼 수 있다. 이때의 궁창 또는 하늘은 지표에서 사람들이 올려다보는 대기권과 우주를 모두 포함한다.

이러한 문맥 속에서 볼 때, '창조'의 창조 과정을 통해 나타나는 태양과 달과 별들은 1장 1절 태초에 창조된 '천지' 속에 이미 포함되어 있으며, '만듦'의 창조 과정을 통해서 넷째 날 하늘에 보이기 시작하였다. 첫째 날 어둡고 불투명하던 대기가 넷째 날에 맑아져서 햇빛과 별빛이 지표에 비치기(1장 15절) 시작하였고, '하늘의 궁창에 광명이 있어'(1장 14절)라는 말씀처럼 지표에서 쳐다볼 때 하늘에 그 형태가 선명하게 나타났다. 따라서 넷째 날부터는 하늘에서 해와 달과 별이 뜨고 지는 모습을 관찰할 수 있게 되면서 날짜와 연월의 계산이 가능해졌으며, 낮과 밤이 분명한 날씨가 시작되었다(1장 16절).

창조 주간의 전 3일에 걸친 혼탁한 대기권은 자연적 과정에 의해서는 절대로 맑아질 수 없으며, 하나님의 개입이 없으면 영원히 혼탁한 상태를 유지할 수밖에 없었을 것이다. 제4일의 산소가 풍부한 맑은 대기와 밝게 비치는 햇빛은 5일과 6일에 창조되는 동물들과 인간들이 생존하는 데 필수적인 환경이기 때문에 하나님의 특별한 창조 역사가 개입되어야 하였다.

스코필드가 성경 주석에 명시하였듯이, 1장 3절 '빛이 있으라'와 1장 14~18절 해와 달과 별의 창조에서는 무에서 유로의 원천적인 창조 행위, 즉 바라bara가 포함되어 있지 않으며 '나타나고 보이도록'하는 만듦의 과정이 있었다.[12]

또 구약 신학자 에드워드 영은 제4일의 해와 달과 별에 대해서 다음과 같이 말하였다.

> 제4일의 사역들은 무에서의 창조(creation ex nihilo)가 아니고, 단순한 천체들을 만들어 내는 것이다. 태양과 달과 별들의 재료는 이미 창조되었다. 즉, 태초의 시작 때에 존재하게 되었다. 하나님은 그 이전의 재료로부터 제4일에 태양과 달과 별들을 지으셨으며, 그러므로 천체들의 창조는 제4일에 완성되었다고 주장하는 것이 정확하다.[13]

〈욥기〉 38장 7절의 말씀도 태양이 지구보다 먼저 창조되었거나 최소한 동시에 창조되었다는 것을 확증해준다.

> 그때에 새벽 별들이 기뻐 노래하며 하나님의 아들들이 다 기뻐 소리를 질렀느니라.

이 구절은 〈욥기〉 38장 1절로부터 이어져 오는 문맥을 파악하면 더 분명하게 이해될 것이다. 〈욥기〉 38장 1~6절에서의 4절에

"내(창조주)가 땅의 기초를 놓을 때에"라고 기록된 것에서 분명히 알 수 있듯이 지구의 창조에 관한 내용이다. 즉, 하나님께서 지구를 창조할 때 이미 새별 별들이 존재하고 있었다는 것을 암시한다.

요약하자면, 펼쳐진 우주론은 〈이사야〉 40장 22절과 〈욥기〉 26장 7절에서의 시간과 공간의 펼침을 통한 창조는 바로 〈창세기〉 1장 1절의 우주 창조와 동일하다고 본다.

허블의 법칙과 펼쳐진 우주론

우주의 안정성 조건을 만족시키도록 우주 공간이 펼쳐지는 과정에서는 물질 밀도가 희박해지고, 우주는 거의 텅 빈 공간이 되며, 멀리 있는 은하일수록 펼쳐지는 정도가 크다. 이 때문에 멀리 있는 은하의 별빛은 더 큰 적색편이를 갖게 되어 곧 허블의 법칙이 성립하게 된다.

공간의 펼침 과정에서 이미 별을 떠난 별빛도 펼침의 거리에 비례하여 파장이 길어진다. 최근 알려진 '양자 얽힘quantum entanglement' 이론에 의하면, 공통의 기원을 가지고 있어서 양자역학적으로 하나의 파동함수 또는 '하나의 계system'로 묘사되는 두 물체는 서로 멀리 떨어져 있어도 거리를 초월하여 순간적으로 동시에 상태 변화가 일어나는 것이 증명되었다.

예를 들어, 짧은 파장의 감마선 광자가 두 개의 서로 반대 방향으로 진행하는 전자와 양전자로 변환되었을 때, 하나의 전자의 스핀 상태를 변화시키면 거리에 상관없이 반대 방향으로 달리는 양전자의 스핀이 순간적으로 다른 상태로 바뀐다는 사실이 증명되었다. 이때 두 입자 사이의 정보 전달 속도는 빛의 속도보다 훨씬 빠르거나 순간적으로 이루어지기 때문에 특수 상대성 이론을 위배한다고 알려져 있다. 최근의 실험에 의하면 두 입자 사이의 정보 전달은 빛의 속도보다 1만 배 이상 빠르다고 한다.[14]

전자와 양전자는 서로 반대 방향으로 거의 광속도로 이동하고 있으며, 그 둘 사이에는 어떠한 형태의 힘이나 정보 전달 방법이 없는 상태인데, 마치 전자와 양전자가 시소의 양끝처럼 하나의 상태가 변하면 다른 것도 동시에 그 상태가 변한다는 것은 아직 그 원리나 메커니즘이 전혀 알려지지 않고 있다. 그래서 양자 얽힘된 입자들 사이의 상호작용을 '신비한 작용 spooky action'이라고 한다.

이러한 양자 얽힘은 원자와 광자, 원자와 원자, 또는 더 큰 물체 사이에도 발생하는 것이 증명되고 있다. 즉, 어떤 특정한 원자와 이 원자로부터 방출된 광자는 공간적으로 멀리 떨어져 있지만 양자 얽힘 상태를 통하여 서로 연결되어 있다. 따라서 원자의 상태 변화는 시공간을 초월하여 즉시 광자의 상태 변화로 연결된다.

높은 차원 속에서 창조된 씨앗우주 속에서는 별을 구성하는 원자와 이로부터 방출된 광자가 일종의 양자 얽힘과 같은 현상을 통해서 연결되어 있다고 볼 수 있다. 따라서 펼침의 과정을 통해서 높은 차원에서 낮은 차원으로 시공간이 펼쳐지는 순간 광자의 파장도 동시에 펼쳐져서 적색편이를 일으키게 될 것이다.

창조된 직후, 즉 우주가 펼쳐진 직후의 초기 우주의 상태는 우주의 안정성 조건을 만족시키도록 은하들이 거리에 비례하여 서로 멀어져가는 상태였다. 이는 곧 은하 별빛의 적색편이로 나타나고 허블의 법칙으로 귀결되어 우주의 어느 지점에서도 우주의 크기와 거리를 가늠할 수 있는 중요한 기준이 되었다. 이와 같이 하나님의 창조 속에는 우주의 한 지점에 있는 지구에서도 우주 전체의 구조를 이해할 수 있는 방법도 함께 포함되어 있다.

전체 우주의 안정성을 만족시키기 위해서 우주의 모든 지점에서 서로 팽창하는 우주가 되게 하는 방법은 우주의 팽창이 거리에 비례하게 하는 것이며, 이것이 바로 1929년에 허블이 발견한 허블의 법칙이다. 즉, 하나님이 우주를 펼쳤을 때, 하나님은 우주의 은하들이 허블의 법칙을 만족하도록 창조의 초기 상태가 팽창 상태가 되도록 창조하였다.

그리고 우주의 경계치 조건을 만족시키기 위해서 공간 3차원 우주는 공간 4차원 또는 그 이상의 공간 차원에서 거대한 구의 표면에 존재할 가능성도 있다. 마치 둥근 3차원 지구의 표면, 즉 2차원 지표면 속의 사람들에게 지구의 표면은 무한해 보이지만 유한한 면적을 가지고 있고, 어디에서 관측하나 동일한 구조를 가지듯이, 공간 4차원의 구의 표면에 존재하는 공간 3차원 우주는 끝이 없이 무한해 보이지만 우주의 전체 물질의 양이나 크기는 유한하며, 우주의 어느 위치에서 보아도 관측되는 구조가 동등하게 나타난다. 즉, 우주론에서 중요한 우주 균일성의 원리가 펼쳐진 우주론 속에는 자연스럽게 도입된다.

우주배경복사와 펼쳐진 우주론

높은 차원에서 창조된 씨앗우주 속의 배경복사는 씨앗우주의 크기가 작기 때문에 충분한 물질과 에너지의 교환을 통해 평형 상태를 이루고 있었다. 이 씨앗우주가 시공 4차원 우주로 펼쳐지는 과정을 통해 시간과 공간이 펼쳐지면서, 우주배경복사의 온도는 낮아지고 파장이 길어지며 전 우주에 골고루 퍼지게 되어 현재의 영하 270℃에 해당하는 낮은 온도의 배경복사가 되었다.

이는 마치 스프레이를 뿜었을 때와 같이 고압의 기체가 작은 노즐을 통해서 분출되면 갑자기 부피가 확산되면서 온도가 내려가는 것과 유사하다. 절대온도 3K 또는 영하 섭씨 270℃의 마이크로파 배경복사는 빅뱅 이론의 가장 중요한 과학적 증거로 사용되지만, 펼쳐진 우주론에서도 동일한 우주배경복사가 우주의 펼침 작용을 통하여 발생된다.

창조의 시간과 펼쳐진 우주론

펼쳐진 우주론은 공간의 펼침과 동시에 시간의 펼침이 발생하는 것으로 본다. 즉, 〈창세기〉 1장 1절의 창조의 순간에 펼침의 과정이 일어났으며, 순간적으로 펼침이 완료되었다. 현재 시공 4차원 우주의 상태는 펼침의 최종 결과를 나타내고 있다. 즉, 펼침의 결과 우리가 보는 우주는 팽창되고 있으며, 허블의 법칙을 따라 멀리 있는 은하일수록 더 빠른 속도로 후퇴하고 있는 상태가 되었다.

창조의 순간이 언제였는지는 정확하게 알 수 없지만, 씨앗우주가 펼쳐지는 과정 속에는 공간의 펼침과 시간의 펼침이 동시에 일어났을 것이다. 시간의 펼침이란 상대적으로 젊은 우주가 수백억 년의 오래된 우주로 보인다는 것이다. 즉, 상대적으로 최근에 완전히 기능하는 수백억 년으로 보이는 우주가 창조될 수 있다.

성경 〈베드로후서〉 3장 8절에 "주께는 하루가 천 년 같고 천 년이 하루 같은 이 한 가지를 잊지 말라"고 하였다. 하나님의 세계는 시간을 초월한 영원의 세계이기 때문에 지상의 천 년이라고 하여도 하나님의 세계에서는 겨우 하루 정도밖에 되지 않는다. 이 성경 구절은 실제로 정확한 시간의 비율을 나타내는 것이 아니라 하나님의 시간과 인간의 시간의 질적 차이를 나타내는 비유이다.

즉, 성경에서 말하는 의미는 하나님의 시간과 인간의 시간 사이에서 발생하는 시간의 질적 차이에 대한 것이다. 비율 그 자체는 큰 의미가 없겠지만, 참고삼아서 한 번 수치적으로 계산해보면 천 년과 하루는 36만 5,000배의 차이가 난다. 최근 천문학에서 우주의 나이가 약 138억 년이라고 하는데, 36만 5,000으로 나누면 겨우 3만 7,800년에 불과하다. 다시 말하면, 하나님 입장에서는 138억 년의 시간이나 3만 7,800년의 시간이나 같다는 의미이다.

우주의 펼침을 통해 약 138억 년의 나이를 갖도록 시간이 펼쳐졌다면 우주의 과학적 또는 관측적 나이는 분명 138억 년으로 나올 것이다. 우리는 이 우주의 나이가 틀렸다고 할 이유가 없으며, 오히려 이는 우주의 창조 과정 속에 들어 있는 창조 계획이라고 볼 수 있다.

만약 하나님이 상대적으로 최근에 우주를 창조하였다면, 우주의 창조 나이 또는 실제 나이는 훨씬 젊을 수 있다. 태양계 속에서는 이를 증명하는 과학적 증거들이 다수 발견될 것이다. 실제로 토성의 고리, 달의 후퇴, 토성의 작은 위성 엔셀라두스 등과 같은 다수의 증거들은 이를 뒷받침하는 증거들일 수 있다.

아담이 아기로 창조되지 않은 것은 분명하다. 돌보아줄 사람이 전혀 없는 상태에서 아기로 태어난 아담은 생존이 불가능하였을 것이다. 아담은 창조 직후 성년으로서 생활할 수 있는 신체적 능력과 언어 능력, 시각 능력, 지각 능력을 모두 완전히 갖추었다. 아담이 에덴의 모든 동물들의 이름을 즉각 짓기 시작한 것을 보아도 알 수 있다. 아담은 동물을 보고 그 특징에 맞는 이름을 지어주었으며, 이미 동물 분류학을 시작하였다.

잠시 후에 창조된 이브가 볼 때에 아담의 나이는 몇 살로 보였을까? 분명 자기보다 먼저 존재한 30세가량의 성인이므로 30년 전에 태어난 것으로 상상할 수 있다. 즉, 아담의 겉보기 나이는 30세이며, 아담을 보고 30세라고 부르는 것에는 아무런 하자가 없다. 아담 자신은 자신의 나이가 몇 살이라고 생각했을까? 아마 하나님이 알려주지 않는다면 스스로도 30살이라고 생각했을 것이다. 그러나 아담의 실제 나이 또는 창조 나이는 겨우 하루이며 겉보기 나이와는 약 1만 배의 차이가 난다. 아담의 키를 기준으로 나이를 추정하면 30년이 나오겠지만, 아담의 치아의 마모 상태를 관찰하면 아담의 나이는 훨씬 젊을 것이다.

마찬가지로 우주의 나이에도 두 가지 서로 다른 나이가 존재할 가능성이 있다. 하나님이 실제 우주를 창조한 후부터 지금까지 흘러온 창조 나이, 즉 실제 나이가 있고, 과학적이고 천문학적 관측에 의한 관측 나이, 즉 겉보기 나이가 있을 수 있다. 창조 나이는 상대적으로 젊으나 겉보기 나이는 매우 오래되어 보이는 것이 충분히 가능하다. 즉, 우주는 두 가지 나이를 가진 것처럼 보일 수 있다.

창조 시간의 비밀

여기서 창조의 시간에 대해서 좀 더 깊이 들어가보자. 시간에는 근본적으로 3종류의 시간이 존재한다.

첫 번째의 시간은 바로 우리가 경험하고 있는 뉴턴의 3차원적이고 고전적 시간이다. 이 3차원 시간은 경험적이고 직관적이며 이해하기 쉽지만 정확한 시간 개념은 아니다. 천천히 움직이는 지구 위에서 흘러가는 지구 위의 시간이며, 일상의 생활 속에서 사람들 사이에 통하는 인간의 시간일 뿐이다.

두 번째의 시간은 아인슈타인이 발견한 상대성 이론의 시간이다. 이 상대 시간은 관측자의 상태에 따라, 물체의 운동 상태에 따라, 중력의 크기에 따라 서로 다르게 흘러간다. 빛의 속도에 가깝게 빠르게 이동하는 사람에게는 시간이 천천히 흘러가며, 지구 위에 정지한 사람에게는 시간이 빨리 흘러간다. 또 무거운 별에서는 시간이 더 천천히 흘러가며, 중력이 무한대로 접근하는 블랙홀 내부에서의 시간은 거의 멈춰서 흘러가지 않는다.

상대성 시간은 3차원 시간보다 더 과학적이고 정확한 시간이지만, 사람들이 경험할 수 없기 때문에 잘 이해하기 어려운 시간이다. 상대성 시간 개념에 의하면, 우주의 모든 은하는 서로 다른 속도로 움직이기 때문에 모두 서로 다른 시간을 갖는다.

세 번째의 시간은 바로 하나님의 시간이다. 하나님은 물질과 시간을 포함하여 모든 존재의 근원이자 창조자이다. 모든 시간과 물질과 우주는 바로 하나님으로부터 나왔다. 그러므로 시간과 물질과 우주에는 반드시 하나님과의 연결 고리가 있음이 분명하다. 하나님은 어떤 시간 속에 존재하는가? 우리는 여기에 대해서는 전혀 알 방법이 없지만, 성경 시편 90편 4절에 그 힌트가 있다.

> 주의 목전에는 천 년이 지나간 어제 같으며, 밤의 한 경점 같을 뿐이니이다.

이 말씀은 곧 하나님의 시간은 우리의 고전적 3차원적 시간뿐 아니라 상대성 이론의 4차원적 시간도 완전히 초월해 있다는 의미이다. 즉, 3차원 세계에 사는 우리는 하나님의 시간을 경험할 수도 이해할 수도 없다.

중요한 것은 지구와 우주는 하나님이 창조하였기 때문에 하나님으로부터 나왔으며, 결국 우주의 창조 시간은 하나님의 시간과 연결되어 있다는 사실이다. 그러므로 하나님의 시간을 이해하지 못하면 결코 우주 창조의 시간도 알 수가 없다.

창조론에서 〈창세기〉의 족장들의 나이를 더해서 약 6,000년이라고 주장하는 것은 3차원적 시간의 개념 위에서 이해하는 것이다. 이것은 아담부터 시작되는 3차원적 시간 속에서는 맞을 수 있지만, 결코 아담 이전 우주의 창조까지 3차원적 시간을 연결하는 것은 불가능하다. 우주 창조를 약 6,000년이라는 시간 틀 속으로

끼워넣는 것은 마치 시간을 초월한 하나님을 3차원 시간 속으로 끌어내리려는 무모한 노력일 뿐이다.

마찬가지로 전문적인 천문학자들이 우주의 구조와 시간을 이해하려고 수많은 노력을 하면서 수많은 정밀하고 방대한 천문학적 데이터를 축적해왔지만, 결국 점점 더 혼란에 빠지는 것도 우주의 창조가 하나님의 시간과 연결되어 있다는 것을 모르기 때문이다. 빅뱅 이론을 이용하여 우주의 기원과 시간을 이해하기 위해서 수많은 과학자들이 노력을 하였다. 그러나 근본적으로 우주의 기원은 하나님에게 있고 우주의 시간도 하나님의 시간으로부터 기원하기 때문에 이들의 자연주의적 노력은 갈수록 혼돈에 빠질 수밖에 없다.

하나님의 시간과 3차원적 시간의 관계를 이해하기 위해서 그림 23을 참고하자. 우리가 지금부터 과거로 거슬러 올라가면 최초의 사람 아담을 만날 것이다. 현재로부터 아담까지의 시간은 일상적으로 경험되는 3차원 시간이기 때문에 아담이 약 6,000년 이전에 창조되었다고 주장하는 것에는 별 무리가 없을 것이다. 여기서 한 걸음 더 나아가 일주일의 창조 주간을 더하여 하나님의 우주 창조가 약 6,000년 이전에 발생하였다고 주장하는 것은, 하나님과 연결

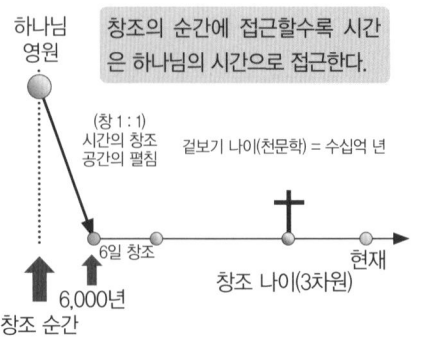

그림 23

창조의 시간의 이해를 돕기 위한 도표

된 시간의 특성을 모르는 3차원 시간의 사고방식의 오류 속으로 빠지게 된다.

〈창세기〉 1장 1절 "태초에 하나님이 천지를 창조하시니라"는 말씀 속에 있는 '태초'는 시간의 시작이자 하나님의 시간과 직접 연결된다. 이 '태초'는 바로 〈창세기〉 1장 1절을 더 구체적으로 해석한 〈이사야〉서 40장 22절에서 "그가 하늘을 차일같이 펴셨으며 거할 천막같이 베푸셨고"라고 설명된 바로 그 창조의 순간이다.

〈창세기〉 1장 1절에서 설명되지 않은 천지창조의 방법은 바로 텐트를 펼치듯이 하늘을 넓게 펼치는 것이었으며, 이것은 곧 공간과 시간의 확장을 의미한다. 시간을 초월한 하나님으로부터 우리가 경험하고 있는 3차원 세계의 공간과 시간이 나올 때 필연적으로 이 둘 사이에는 어떤 연관성이 주어진다. 여기에 창조의 놀라운 비밀이 숨어 있으며, 어떤 천재 과학자도 이 영역 속으로는 들어갈 수 없기 때문에 아무리 과학이 발전하여도 이 비밀을 풀 수는 없을 것이다.

빅뱅 이론도 태초의 순간을 설명하기 위해 이해도 검증도 불가능한 무리한 가설들을 억지로 만들어 낼 수밖에 없었다. 즉, 인플레이션 빅뱅 이론은 우주를 만들어 내는 스칼라 필드, 반중력, 인플레이션 등 현대 과학으로 관측이나 설명이 불가능할 뿐 아니라 존재 여부조차 알 수 없는 여러 억지 가설들을 만들어 낼 수밖에 없었다. 결국은 다중 우주론이라는 괴상한 우주론으로 결말을 짓고 말았다.

3장과 4장에서 자세히 설명되었지만, 다중 우주론은 하나의 우주로는 도저히 우주의 오묘한 미세 조정과 창조의 증거를 피하기 어려워 폭포 밑의 물거품이 수없이 나타났다가 사라지듯이 수천조 개의 서로 다른 우주가 나타났다가 사라지는 것을 반복한다는 이론이다. 이렇게 나타났다가 사라지는 거품 우주의 거의 대다수는 생명이 존재할 수 있는 조건을 만족하지 못하지만, 수천조 분의 일의 확률로 극히 우연히 생명이 존재할 수 있는 우리의 우주가 나타났다고 주장한다. 이는 과학의 범위를 완전히 벗어나는 주장이며, 일종의 자연주의 철학적 주장에 과학의 옷을 덧입혀 놓은 꼴이다. 다중 우주론의 타당성은 과학적으로는 절대로 증명할 수 없기 때문에 일종의 철학적 신념이라고 볼 수밖에 없으며, 자연주의적 세계관을 가진 사람들의 종착역이라고 볼 수 있다.

그림 23에서 보듯이 하나님의 시간과 3차원 시간의 연결 때문에 우주의 나이를 측정하여 창조의 순간으로 가까이 갈수록 우주의 나이는 천문학적으로 길어지는 겉보기 효과가 나타난다. 즉, 망원경으로 우주의 나이를 측정하여 얻어지는 우주의 나이는 바로 겉보기 나이이며, 이것은 하나님이 우주를 창조한 창조 나이와는 다르다.

그러면 겉보기 나이와 창조 나이 가운데 어느 것이 더 진짜 나이인가라는 의문이 나올 수 있다. 이 질문은 창조 다음날 아담에게 나이가 얼마냐고 묻는 것과 같다. 아담은 신체 능력적으로는 30살이고 창조된 실제 나이는 하루이므로, 시간적으로는 하루이지만 하나님이 30살로 창조했다면 30살이라고 해도 틀린 말은 아니다. 마찬가지로, 하나님이 우주를 창조할 때 기능적으로 100억 년 된 우주를 상대적으로 최근에 창조했다면 이 둘을 구분하는 것은 실제적으로 의미가 없다.

여기서 한 가지 기억하여야 할 것은 연대에 대한 대립의 배경에는 오래된 연대가 진화를 가능하게 한다는 신념이 그 바탕에 깔려 있기 때문이다. 진화론자들은 우주가 자연적 메커니즘에 의해서 오늘의 상태에 이르고 지구상에 생명체가 진화하려면, 우주의 나이는 100억 년 이상이 되어야 하고 지구의 나이는 45억 년 정도 필요하다고 생각한다. 이에 반해 젊은 연대를 주장하는 창조론자들은 우주와 지구가 오래되지 않았기 때문에 진화가 불가능하다고 생각한다.

이와 같은 진화론자와 젊은 연대론자의 대립은 문제의 핵심에서 많이 빗나간 것으로 보인다. 6장에서 상세히 다루었듯이, 우주의 미세 조정은 약 100억여 년의 시간만으로는 현재의 우주가 존재할 수 없다는 것을 잘 보여주고 있다. 비록 그보다 훨씬 긴 1,000억 년이라는 긴 시간이 주어진다 할지라도 우주가 오늘날의 모습으로 진화하는 것은 불가능하다.

마찬가지로 지구의 나이가 45억 년이 된다고 해서 지구에 생명체가 존재할 수 있는 것은 아니다. 오히려 태양의 밝기의 변화, 지구의 환경 변화, 운석의 충돌 등과 같은 생명체를 위협하는 사건들은 시간이 오래될수록 그 빈도가 많아지기 때문에 생명체가 살아남는 것이 불리할 뿐이다. 생명 진화 표준 체계에 의하면, 최초의 단세포 생명체는 약 35억 년 이전에 탄생하였을 것으로 추정되고 있다. 하지만 이때의 지구 환경은 생명체의 존재가 거의 불가능한 조건을 가지고 있었다. 또한 지구의 연대가 오래되었다면, 달의 접근에 의해서 발생하는 거대한 조석력에 의해서 지구는 생명체가 존속할 수 없는 환경이 되어버린다. 이처럼 지구와 달의 나이를

45억 년으로 보는 주장은 생명의 진화를 불가능하게 만드는 천문학적인 사건들을 전혀 고려하지 못하고 있다.

창조론자들도 진화론자들에게 긴 시간을 주는 것이 곧 진화를 인정하는 것과 같다는 생각을 버려야 한다. 수십억 년 이상의 긴 시간이 곧 진화를 의미한다는 생각은 반대로 생각하면 시간을 충분히 주면 진화가 가능하다는 진화의 메커니즘을 인정하는 것과 동일하다. 중요한 것은 아무리 긴 시간을 주어도 진화는 불가능하다는 과학적 증거들을 분명하게 제시하는 것이다.

창조론과 진화론의 논쟁의 핵심은 시간의 문제가 아니라 진화의 과학적 불가능성과 창조의 과학적 증거이다. 우주의 미세 조정을 통해 나타난 창조의 증거를 밝히고, 반대로 빅뱅 이론의 문제점 등과 같이 진화론적 우주론의 핵심적 문제들을 파고들어 그 과학적 불합리성을 밝혀야 한다. 마이어가 쓴 저명한 책 《세포 속의 시그니처》와 《다윈의 의문》에 상세히 기술되었듯이, 생명의 자연 발생적 기원의 불가능성이나 세포 속의 정보의 기원에 관한 전문적이고 학술적인 발견들을 사용하여 아무리 긴 시간을 주어도 생명의 탄생과 진화는 불가능하다는 것을 명백하게 보여주어야 한다.[15]

성년 우주 창조론

펼쳐진 우주론은 차원 이론을 도입한 일종의 5차원 성년 우주 창조설 mature creationism of the universe이다. 우주는 하나님이 존재하는 높은 차원(5차원)에서 먼저 씨앗우주로 창조된 후, 시공 4차원으로 펼쳐졌다고 본다. 씨앗우주 속에는 이미 별들과 은하들의 원형 구조가 형성되어 있었으며, 4차원 시공 속으로 펼쳐질 때에 우주의 한 지점에서부터 사방으로 퍼져나가는 것이 아니라 4차원 시공간 그 자체가 동시적으로 나타난 것이다. 즉, 3차원에 있는 지구에서 볼 때에는 창조되는 순간에 이미 완전히 기능하는 우주가 존재하게 된다.[16]

이때 별과 은하뿐 아니라 별빛도 함께 나타난다. 따라서 현재 우리가 관측하는 별빛은 이미 씨앗우주 속에서 실제 해당 별이나 은하에서 발생되었기 때문에 비록 순간적으로 창조되었다 하더라도 해당 천체의 물리적 정보를 모두 가지고 있다. 다만, 높은 차원의 씨앗우주 속의 별빛의 속도는 현재의 별빛의 속도에 비하여 매우 빠를 수 있기 때문에 과거 별빛이 매우 빨랐다는 관찰 결과가 나타날 가능성이 있다.

오스트레일리아의 시드니 머쿼리 대학의 이론물리학자인 폴 데이비스 교수는 과학 잡지 〈네이처〉를 통해 '퀘이사'라고 불리는 거대한 항성상 천체에서 지구까지 수십억 년 동안 여행한 빛을 측정한 결과 상대성 이론상 광속도 불변의 원리와는 달리 빛의 속도가 일정치 않다는 결론을 얻었다고 밝혔다.[17] 천문학자가 과거 별빛의 속도가 매우 빨랐다는 관측 결과를 발표한 것은 매우 흥미로운 일이다. 데이비스 교수는 빅뱅 시에는 빛의 속도가 무한대였다가 서서히 느려졌을 가능성이 있다고 하였다.

최근에는 인플레이션 빅뱅 이론의 여러 문제점과 한계를 인식한 일단의 과학자들이 '변하는 광속 이론Variable Speed of Light, VSL'을 전문 학술지에 게재하고 있다.[18] 얼마 전만 하여도 이런 종류의 논문은 일고의 가치도 없이 거부되었을 것이지만, 최근에는 진지한 검토가 이루어져서 전문 학술지에 게재되고 있다. 변하는 광속 이론이 매력적인 것은 만약 빛의 속도가 과거에는 현재에 비해서 매우 빨랐다면 인플레이션이 없이도 은하들의 적색편이를 설명할 수 있다는 것이다.

펼쳐진 우주론에서는 씨앗우주 또는 씨앗우주가 펼쳐지는 과정에서의 시간과 공간의 성질이 달라지기 때문에 당연히 빛의 속도도 달랐을 것이라고 본다. 아마도 몇 년 후에 허블 망원경보다 훨씬 성능이 우수한 제임스 웹 우주 망원경이 우주 공간에 설치되어 수백억 광년 너머의 태초의 우주를 관측하게 되면 광속 변화에 대한 많은 증거들이 발견될 수 있을 것이다.

만약 변하는 광속 이론이 사실로 판명되면, 물리학과 천문학은 거대한 또 다른 과학 혁명 속으로 들어갈 수밖에 없게 된다. 먼저, 인플레이션 빅뱅 이론과 같은 우주 기원론들은 모두 폐기 처분될 것이며, 높은 차원에 대한 물리학적 연구가 활발하게 이루어질 것이다.

펼쳐진 우주 창조론의 주요 결론

앞에서 설명된 펼쳐진 우주 창조론의 중요한 내용을 정리하면 다음과 같다.

두 가지 우주 연대

우주의 창조 나이, 즉 실제 나이와 천문학적으로 관측되는 겉보기 나이는 크게 다를 수 있다. 상대적으로 최근에 우주가 창조되었다고 하더라도, 창조의 과정을 통해서 공간과 시간의 펼침 효과 때문에 창조 직후의 우주의 나이는 매우 오래된 것처럼 보일 수 있다.

이 겉보기 나이는 우주의 기능적 나이이며, 우주가 마치 오랜 기간 과정을 거쳐 오늘의 상태에 이른 것처럼 보이는 것이다. 창조 직후의 우주는 오래된 것처럼 보이는 우주의 기능을 그대로 가지도록 창조되었을 것이다.

이와 같이 겉보기 나이는 기능적 나이이기 때문에 우주의 나이를 측정하는 방법에 따라서 상당히 다른 나이가 나올 수 있다. 예를 들어, 창조 후 하루가 지난 아담의 나이를 측정한다고 생각해보자. 만약 아담의 키를 기준으로 측정하면 30살 정도의 나이가 나오겠지만, 치아의 마모 상태를 기준으로 하면 아담은 매우 젊게 나올 것이다. 비슷하게 우주의 크기를 기준으로 보면 우주는 수백억 년 된 것으로 보이지만, 토성의 테의 붕괴나 달의 후퇴 등을 보면 태양계는 분명 상당히 젊어 보인다.

반대로 우주의 실제 나이가 젊기 때문에 젊은 우주의 연대가 바로 창조의 나이이다. 이것을 우리는 우주의 창조 나이와 겉보기 나이의 동등성 또는 우주 연대의 동등성이라고 부를 수 있다.

이 우주 연대의 동등성은 바로 〈베드로후서〉 3장 8절에 "주께는 하루가 천 년 같고, 천 년이 하루 같은 이 한 가지를 잊지 말라."라는 말씀과 일맥상통한다. 우주의 나이 138억 년을 천 년 대 하루의 비율, 즉 36만 5,000으로 나누면 약 3만 7,800년이 된다. 좀 더 직설적으로 이야기하자면, 138억 년이 3만 7,800년과 같고, 3만 7,800년이 138억 년과 같다는 뜻이 될 것이다.

앞에서 설명한 대로 하르트넷은 창조 기간에 엄청난 공간과 시간의 팽창이 발생하였기 때문에, 지구에서 측정되는 원자 시간으로는 지구의 나이가 매우 젊지만 우주 시간으로는 수백억 년이 흘렀다고 하였다.[19] 하르트넷의 원자 시간과 우주 시간은 각각 펼쳐진 우주론에서 창조 나이와 겉보기 나이와 동일하다고 해석된다.

이와 같이 5차원 우주 창조론 속에 숨어 있는 창조 시간의 비밀은 매우 심오하다. 우리는 우주의 연대를 3차원적 시간 개념 위에서 논쟁할 것이 아니라 창조 속에 들어 있는 하나님의 시간의 비밀, 즉 우주 연대의 동등성을 생각함으로써 이 문제를 풀 수 있다.

창조 시부터 기능하는 성년 우주

펼쳐진 우주 창조론에서는 우주가 처음부터 완전히 기능하는 상태, 즉 성년 우주로 창조되었다고 말한다. 마치 아담이 창조 직후부터 완전한 성년으로서의 기능을 수행할 수 있었듯이 우주도 오늘날 관측되는 것과 동일하게 완전한 상태로 창조되었다는 것이다. 모든 은하들은 처음부터 회전하도록 창조되었으며, 우주의 대규모 구조도 이미 씨앗우주 속에서부터 그 원형이 내재되어 현재 관측되는 구조 그대로 창조되었다.

빅뱅 이론에 의하면 우주는 빅뱅 직후 아무런 구조도 없었으며, 뜨거운 소립자들로만 가득 차 있었다. 이후 냉각되면서 수소와 헬륨 원자가 형성되고, 더 냉각되면서 1세대 별들과 원시 은하들이 형성되었다. 이후 우주가 팽창하면서 2세대 별, 3세대 별들이 차례로 형성되었고 중원소가 생성되는 과정을 통해 오늘날의 우주 구조가 되었다.

최근 태양의 120억 배의 질량을 가진 초대형 블랙홀이 지구로부터 128억 년 거리에서 발견되었다.[20] 우주의 나이가 138억 년임을 고려할 때 이 블랙홀은 우주의 나이가 겨우 10억 년밖에 되지 않은 때에 형성되었다는 의미이다. 이때는 거대 블랙홀이 형성되는 조건이 전혀 갖추어지지 않았기 때문에 커다란 수수께끼로 떠오르고 있다.

또한 최근 발견된 우주 최대의 구조는 초대형 블랙홀과 함께 빅뱅 이론에 의한 우주 진화에 커다란 수수께끼를 던지고 있다.[21] 수많은 퀘이사와 은하들로 이루어진 이 대규모 우주 구조는 너무 커서 지금까지 발견된 우주 최대 구조보다도 몇 배 크며, 빛의 속도로 달려도 이 구조물을 가로지르는 데 100억 년이라는 시간이 걸릴 것이라고 한다.

빅뱅 이론에 의한 우주 나이가 겨우 138억 년인데, 직경 100억 년 크기의 우주 구조물이 존재한다는 것은 도저히 설명하기가 어렵다. 이 연구에 참여한 헝가리 부다페스트 국립대학교의 호바스 Horvath 박사는 어떻게 빅뱅에 의해서 이런 대규모 우주 구조가 탄생할 수 있었는지에 대해서 "전혀 모르겠다."라고 대답하였다.

빅뱅 이론과 달리 펼쳐진 우주 창조론은 우주는 창조 직후 오늘의 모습 그대로 성년 우주로 창조되었다고 본다.

빛의 속도의 변화

우주가 높은 차원 속에서 씨앗우주 상태로 먼저 창조되어 오늘날의 4차원 시공간으로 펼쳐지는 과정, 즉 창조의 과정 속에는 시간과 공간의 물리적 성질이 변하기 때문에 씨앗우주 속에서는 빛의 속도가 지금보다 훨씬 빠를 수 있다. 빛의 속도는 근본적으로 시간과 공간의 물리적 속성에 의하여 결정되므로 우주가 펼쳐지기 이전의 상태 속에서는 빛의 속도는 오늘날 우리가 관측하는 속도와는 달랐을 것이다.

일단 우주의 펼침이 끝난 상태, 즉 창조가 완료된 상태에서는 시간과 공간의 성질이 고정되어 빛의 속도는 일정해졌다. 즉, 상대성이론의 광속 불변의 법칙이 현재까지 지속적으로 적용된다.

중요한 것은 모든 별빛은 근본적으로 씨앗우주 속에서 이미 자신의 별로부터 직접 출발하였기 때문에 별빛은 그 별의 모든 물리적 정보를 가지고 있다는 것이다. 상대적으로 최근에 창조된 별과 별빛은 수십억 년 떨어진 것처럼 보여도 여전히 그 별의 모든 정보를 가지고 있으며, 우리가 그 별빛을 보고 찾아낸 별의 정보는 모두 정확하다.

방사성 붕괴 속도의 변화

빛의 속도는 물리학의 가장 중요한 상수로서 방사능 붕괴 속도와 직접 관련되어 있다. 따라서 우주의 펼침 과정에서 빛의 속도가 변한다는 것은 곧 방사능 붕괴의 속도가 변한다는 것과 동일한 의미이다. 시공간의 펼침의 과정이 끝난 오늘날에는 방사능 붕괴 속도가 더 이상 변하지 않는다.

미국창조과학회에서 수행한 지구의 연대 측정 프로젝트 RATE Radioisotopes and the Age of the Earth 연구의 주요 결과 가운데, 과거 방사능 붕괴가 수백 배 빨랐다는 증거들이 보고되었다.[22] 이러한 연구 보고들에 대한 과학적 설명이 제대로 이루어지지 않고 있으나, 펼쳐진 우주 창조론에 의하면 시공간의 펼침 과정에서 방사능 붕괴의 가속화가 발생하였을 것이다. 시공간의 펼침을 고려하지 않으면 방사능 붕괴의 결과 발생하는 엄청난 열과 에너지로 인해서 우주는 녹아내렸겠지만, 시간과 공간의 팽창으로 인해서 높은 방사능 붕괴가 상쇄되고 희석되어 적정한 상태로 유지될 수 있었다.

허블의 법칙

펼쳐진 우주 창조론 속에는 천문학에서 가장 중요한 법칙인 허블의 법칙이 자연스럽게 도입된다. 안정된 우주의 구조를 위하여 펼침의 과정 속에서 거리에 비례하여 펼침의 크기가 커지며, 또한 우주의 중력 붕괴를 극복하기 위하여 씨앗우주의 펼침의 결과 우주의 모든 은하들은 팽창하는 상태로 완성된다. 따라서 '은하의 후퇴 속도는 은하까지의 거리에 비례한다'는 허블의 법칙은 필연적으로 펼쳐진 우주 창조론 속에 들어 있다.

공간 4차원 구의 표면에 공간 3차원의 우리의 우주가 존재한다고 보는 아인슈타인의 구면 우주 가설 Spherical Universe을 도입하여도 여전히 허블의 법칙이 만족되기 때문에 허블의 법칙은 펼쳐진 우주론의 가장 중요한 결과 중의 하나이다. 거대한 우주에서 손쉽게 거리를 측정할 수 있는 방법으로 이미 창조의 설계 속에 포함되었다.

펼쳐진 창조론의 의미

펼쳐진 창조론은 유신론적 우주 창조론이므로 우주의 궁극적 기원은 하나님과 연결되어 있다고 본다. 펼침의 재료는 바로 우주의 공간과 시간이다. 마치 거미가 극히 적은 재료를 가지고 넓은 면적의 거미줄을 치듯이, 하나님은 펼침을 통하여 은하 필라멘트로 구성되는 우주적 그물망 cosmic web을 형성하였으며, 우주의 대부분은 텅 빈 공동 void으로 나타나게 되었다.

펼쳐진 우주론에서 우주적 그물망 구조는 우주 구조의 초기 조건으로 주어진다. 이것은 마치 창조 직후의 아담의 신체 구조가 심장이나 근육 등 모든 신체 조직과 구조가 완성되어 기능할 수 있는 것과 같다. 마찬가지로 비행기는 조립이 끝나서 밖으로 나온 직후 이미 모든 기능이 완전하여 하늘을 날 수 있는 것과 같이, 우주는 창조 직후 완전히 기능할 수 있는 초기 구조를 갖출 수밖에 없다. 또 펼침의 과정이 끝난 후, 우주의 동역학적 초기 조건으로 우주의 먼 부분은 더 빨리 후퇴하기 때문에 허블의 법칙은 자연스럽게 주어졌다. 즉, 펼쳐진 우주론은 우주를 이해하는 데 가장 중요한 허블의 법칙을 포함하는 이론이다.

펼쳐진 우주론에서 가장 중요한 결론 중의 하나는 시간의 펼침이다. 시간의 펼침을 통해 우주의 나이는 오래된 것처럼 보이고, 〈창세기〉 1장 15절에 "또 광명체들이 하늘의 궁창에 있어 땅을 비추라"는 말씀처럼 수억 광년 떨어진 별빛도 창조가 끝난 직후 지구 표면에서 볼 수 있었다.

시간의 펼침 효과에 의해서 지구 근처에서는 젊은 지구의 증거들이 여전히 많이 남아 있지만, 수십억 광년의 오래된 우주에 대한 증거들도 함께 관측될 수 있다. 중요한 것은 창조의 나이 또는 실제 나이와 펼쳐진 나이 또는 겉보기 나이가 같이 존재한다는 것이다.

과학적으로는 겉보기 나이가 관측되기 때문에 겉보기 나이는 곧 관측 나이와 동등하다. 오래되어 보이는 우주의 관측 나이는 시간과 공간의 펼침 과정을 통해 하나님의 창조 속에 그 의도가 들어 있어 진실로 받아들일 수 있다. 단순히 관측에 의해서 오래되어 보이는 것은 그 자체가 진실이고 사실이기 때문에 그것을 거부할 아무런 이유가 없다. 그러나 과거에 과학적 과정을 초월한 창조 사건이 있었음을 고려할 때, 창조 나이는 관측 나이보다 훨씬 젊을 수 있다.

물론 펼쳐진 우주론에서 창조의 구체적 과정을 밝히는 것은 과학의 영역을 벗어나기 때문에 불가능하다는 것을 인식할 필요가 있다. 이것은 마치 비행기의 구조와 제작 과정 그리고 공기역학에 대한 전문성이 없는 보통 사람이 비행기를 이용할 수는 있지만, 비행기의 구체적인 제작 과정은 이해할 수 없는 것과 같다. 하나님을 인정하지 않고 우주 창조의 과정을 완전히 물질, 우연, 자연법칙만으로 설명하려는 환원주의적 시도는 창조의 구체적 과정을 알아내려고 노력하여도 결국 실패할 수밖에 없다.

유신론적 창조론에서의 창조의 과정은 온전히 하나님의 영역이기 때문에 자연주의자들이 시도하는 그러한 노력은 불필요하고 또 불가능하다. 그러나 작품 속에서 작가의 솜씨를 확인할 수 있듯이, 우리는 창조된 우주를 보고 탐구하여 창조자의 능력과 우주의 설계도를 알아낼 수 있다. 따라서 창조 과학적 노력은 지속되어야 한다.

1) N. L. Geisler and J. K. Anderson, *Origin Science*, Baker Books House, 1987.
2) 김수웅, 개인적 서신.
3) http://en.wikipedia.org, "Large Extra Dimension"
4) 브라이언 그린 저,《엘리건트 유니버스》, 승산, 2002.
5) 리사 랜들 저, 김연중·이민재 역,《숨겨진 우주》, 사이언스북스, 2008.
6) Cosmology/Astrophysics: Albert Einstein, www.spaceandmotion.com
7) Alan D. Clark, *Physics in 5 Dimensions : Bye Bye Big Bang*, Books on Demand, 2015.
8) en.wikipedia.org "Moshe Carmeli"
9) John Hartnett, "A 5D Spherically Symmetric Expanding Universe Is Young", Journal of Creation, V. 21, pp.69~74, 2007.
10) Risa Randall, ibid.
11) "Sloan Digital Sky Survey", en.wikipedia.org
12) www.studylight.org/com/srn/view.cgi?book=ge&chapter=001
13) Edward J. Young, ibid, p.138.
14) Juan Yin, et al., "Bounding the Speed of Spooky Action at a Distance", Phys. Rev. Lett. Vol.110, 260407, 2013.
15) 스티븐 마이어 저, 이재신 역,《세포 속의 시그니처》, 겨울나무, 2014.
16) 구약성경, 시편 33 : 6, 9.
17) 중앙일보, 2002. 8. 8. 기사.
18) H. Kragh, "Cosmologies with Varying Speed of Light: a Historical Perspective", Modern Physics vol. 37, pp.726~737, 2006.
19) John Hartnett, "A 5D Spherically Symmetric Expanding Universe is Young", Journal of Creation, V.21, pp.69~74, 2007.
20) C. Q. Choi, "Monster Black Hole is the Largest and Brightest Ever Found", Space.com, Feb. 25, 2015.
21) I. Klotz, "Universe's Largest Structure Is a Cosmic Conundrum", Discovery News, Nov 19, 2013. (news.discovery.com/space/galaxies)
22) A. Snelling, "Fission Tracks in Zircons: Evidence for Abundant Nuclear Decay", (http://www.icr.org/article/fission-tracks-zircons-evidence-for/)

제9장

과학과 신앙

　현재의 과학과 기술로는 5차원을 상정하는 펼쳐진 우주론을 과학적으로 증명하거나 반증하기가 어렵다. 하지만 펼쳐진 우주론은 유신론적 입장에서 우주를 이해하는 창조의 과정에 대한 하나의 모색이며, 우리의 생각의 폭을 확대시키는 하나의 노력이라 할 수 있다. 그러나 모든 과학이 그렇듯이 과학도 궁극적 기원의 영역에 들어가면 철학이나 신학적 영역으로 바뀌게 된다. 과학이 물질적 과정이나 자연적 과정을 끝까지 고집하면 그것은 곧 자연주의 또는 물질주의로 귀착되며, 이것은 또 하나의 신학적 영역에 포함될 수밖에 없다.

　결국, 하나님이 과학의 영역에 포함될 수 없듯이 창조의 과정이나 우주의 궁극적 기원의 문제는 과학의 영역을 벗어나게 된다. 창조의 과정이나 우주의 기원 문제는 하나님의 존재론과 직결된다. 하나님이 존재하고, 그가 우주를 창조하였다면 과학적 과정은 거기서 멈출 수밖에 없다.

　무신론은 자연주의나 물질주의와 동일시되며, 그것은 순전히 개인적 신념의 표상일 뿐 그것을 증명해줄 어떠한 과학적 증거도 존재하지 않는다. 순수한 논리적 측면에서 볼 때, 무신론은 절대로 유신론보다 유리하지 못하다. 항상 부정은 긍정보다 논리적으로 어렵다. 신이 존재하지 않는다는 것을 증명하려면 신보다 더 많은 지식이 필요하다. 현재 인류가 가지고 있는 모든 지식 정보의 양은 우주 속에 함축되어 있는 전체 지식 정보의 양에 비하면 먼지 한 점에 불과할 정도로 작다. 유한하고 작은 지식 정보를 사용하여 무한한 지식 정보를 부정하는 것은 논리적으로 불가능하다.

반대로 유신론의 경우, 우주를 창조한 신이 인간에게 창조의 비밀을 계시하여 주었다면, 비록 인간의 지식이 매우 유한하고 작을지라도 인간은 창조에 대하여 올바른 지식을 가질 수 있다. 이것은 마치 생일을 부모가 알려주면 어린아이라도 정확한 자기의 생일을 알 수 있지만, 부모가 가르쳐주지 않는다면 천재라도 자신의 생일을 알아낼 방법이 없는 것과 같다. 따라서 유신론적 우주 기원론 접근 방법이 결코 무신론적 우주 기원론에 비하여 비논리적이거나 열등한 접근법이 아니다.

만약, 무신론이 옳다면 현재 자연적 과정에만 의존하는 빅뱅 이론과 같은 접근 방법을 계속하여야 할 것이다. 그리고 무한한 우주 속에서 매우 제한된 인간의 과학적 지식의 한계 때문에 그 우주 기원론은 끝없이 새 이론의 도전을 받으면서 바뀌어갈 수밖에 없을 것이다.

그러나 유신론이 옳다면, 창조의 과정을 간과하고 물질적 과정에만 의존하는 자연주의 이론은 근원적으로 오류에 빠지게 된다. 일단 창조가 완성된 이후에는 우주의 운행은 물질적 과정에 따라 이루어지겠지만 창조의 과정 그 자체에는 물질적 과정이 성립하지 않기 때문이다.

예를 들어, 비행기가 날아가는 과정은 공기역학, 엔진 동역학, 컴퓨터 공학, 구조역학의 법칙을 사용하여 설명이 가능하겠지만, 비행기의 기원, 즉 조립 과정에 관한 질문을 한다면 이런 법칙들은 아무런 소용이 없게 된다. 비행기 설계자는 이런 자연적 법칙에 의존하여 비행기가 날아갈 수 있도록 설계를 하였지만(자연적 과정), 비행기의 조립 과정은 전혀 다른 방법을 사용할 것이기 때문이다(창조의 과정).

즉, 비행기가 어떻게 날 수 있는가 하는 질문과 비행기가 어떻게 존재하게 되었는가 하는 질문은 과학적으로 볼 때 전혀 다른 문제이다. 비행기가 날아가는 원리는 반복적으로 관측 가능하고 검증 가능하지만, 비행기가 만들어지는 과정은 단 일회적이다. 이처럼 반복적이고 자연적 과정을 다루는 과학을 작동과학이라고 하며, 단 한 번의 창조 과정을 다루는 학문을 기원과학이라고 한다.

우주도 이와 비슷하다. 현재 반복적으로 관측되는 우주는 물리, 화학, 천문학적 법칙으로 설명할 수 있지만, 우주 기원의 문제로 들어가면 이런 법칙들은 아무런 소용이 없게 된다. 일반인이 비행기의 조립 과정을 모르듯이 인간은 하나님이 우주를 창조해낸 과정을 알 방법이 없다. 하나님이 존재한다고 생각되는 높은 차원의 세계로부터 인간이 살고 있는 3차원 세계로 창조의 과정이 이루어질 때는 현재 우리가 작동과학으로 발견한 3차원의 과학 법칙들은 아무런 쓸모가 없다.

이 창조의 과정을 성경은 말씀으로 하늘들을 the heavens '차일같이' 폈다고 기록하고 있다. 하나님이 우주를 일단 펴고 난 후, 즉 창조의 과정이 끝난 후에는 현재 우리가 알고 있는 모든 물리·화학적 지식이 반복적으로 유효하다. 하지만 창조의 과정 그 자체는 일회적일 뿐 아니라 3차원 세계를 초월한 창조주의 의지적 과정이기 때문에 검증하거나 조사할 어떤 과학적 방법도 우리는 가지고 있지 못하다. 따라서 우주의 궁극적 기원은 인간의 한계를 벗어나 있다.

스티븐 호킹을 비롯한 많은 자연주의적 우주론자들은 소위 '만물의 법칙'으로 알려진 초끈 이론의 M-이론이 발견되면 우주의 기원을 설명할 수 있을 것처럼 말하고 있다. 그러나 옥스퍼드대의 존 레녹스가 분명하게 지적하였듯이, M-이론과 우주의 기원은 전혀 별개의 문제이다. M-이론이 존재하거나 발견된다 하여도 문제의 핵심은 그 M-이론이 어떻게 존재하게 되었으며 어디서부터 왔느냐는 것으로 바뀔 뿐이다.

근본적으로 물질의 법칙은 존재하는 물질들 사이에 관계를 설명하는 것이지 그 법칙이 물질을 만들 수 있는 것이 아니다. 마치 회계학의 법칙이 먼저 발생한 은행 거래를 설명하기 위한 것이며, 회계 법칙이 은행 거래를 유발할 수 없는 것과 마찬가지로, 물질의 법칙은 먼저 존재하는 물질의 행동을 설명하는 것이지 그 법칙이 물질을 존재하게 하는 것은 아니다. 만약 M-이론이 발견된다면, 누가 M-이론을 만들었느냐는 질문이 발생할 것이며 결국 그 대답은 하나님이 될 수밖에 없다.

신이냐 우연이냐?

우주의 기원에 대한 탐구는 하나님 대 빅뱅 이론이나 하나님 대

M-이론이 아니라 유신론 대 무신론 또는 하나님 대 우연이 되어야 할 것이다. 유신론이나 무신론은 둘 다 과학의 영역이 아니다. 과학의 정의 그 자체가 물질 사이에 작용하는 법칙을 연구하는 것이기 때문에 물질의 영역을 벗어난 질문에 대해서 과학은 아무런 할 말이 없다.

우연의 문제에 대해서는 과학적 과정이 들어 있는 것처럼 보이기 때문에 과학자들이 할 말이 있는 것처럼 보인다. 만약 모든 것이 우연히 발생할 수 있다면 하나님의 역할은 사라질 것이며 하나님의 존재도 불필요할 것이다.

역사적으로 우연에 대한 많은 통찰이 있었다. 보쉬에Jacques-Benigne Bossuet는 "우연이나 운에 대한 이야기를 멈추어야 한다. 이러한 우연에 의지하는 이야기는 기껏해야 우리의 무지를 숨기는 의미 없는 말일 뿐이다."라고 말하였다. 다중 우주론자처럼 우연에 의지하는 과학자들의 치명적인 결함은 아무런 의미가 없는 우연이라는 이름 속에 실재적 존재성의 의미를 부여하는 것일 뿐이다. 재키Jaki는 "우연은 우리가 알지 못하는 진짜 원인들에 대한 우리의 무지의 표현일 뿐이다."라고 지적하였다.

이와 같이 실재적인 의미가 포함되어 있는 우연 개념을 과거의 학자들이 철저히 배격했음에도 불구하고 오늘날의 우주론적 사고방식 속에 그 개념이 인기를 끌고 있는 이유는 무엇일까? 그것은 오늘날에는 과학과 철학이 분리되어 서로의 영역을 제대로 이해하지 못하는 상황이 벌어지고 있으며, 과학자들은 의도적으로 철학을 기피하고 있기 때문이다. 스티븐 호킹이 "철학은 죽었다."고 선언하고 나서 그가 전개한 논리가 완전히 철학적인 과정이었던 것처럼 과학자들은 철학을 기피하면서도 우주의 기원 문제에 들어가면 철저하게 철학적 과정을 되풀이하는 우를 범하고 있다.

자연주의자들은 20세기에 발견된 양자역학의 불확정성 원리와 확률 이론에 근거하여 마치 우연으로 모든 것이 가능한 것처럼 논리적 비약을 하고 있다. 중요한 것은 양자역학적 확률의 운동이 절대로 우연은 아니라는 것이다. 그 확률 속에는 '확률을 지배하는 법칙'이 있으며, 이 법칙을 벗어난 현상은 절대로 발생할 수 없다.

우연이란 근본적으로 원인 없는 결과를 의미하는데, 양자역학은 절대로 원인이 없는 결과를 의미하는 것이 아니다. 그리고 원자적 미시 세계에 적용되는 양자역학을 우주적 규모에 적용시켜 모든 것을 우연으로 돌리는 것은 과학의 이름으로 과학을 오용하는 행위일 뿐이다.

재키는 "만약 우연의 법칙이 한 번이라도 승리하면 과학은 완전히 무너진다."고 하였다. 우연이 자연을 지배하는 순간 인과관계의 논리는 사라져버리고 남는 것은 혼돈뿐이라는 것이다. 이와 같이 우연을 의지하는 것은 인류가 쌓아온 모든 것을 스스로 무너뜨리며 과학을 파멸시키는 지적 자살 행위와 다름없다.

반대로 하나님을 의지하는 것 속에는 인류가 쌓고 발전시켜온 모든 노력의 정당성이 부여되고, 우주 속에 나타난 놀라운 설계의 증거들이 타당한 논리적 지위를 확보하게 된다. 논리적으로 보았을 때, 하나님 대 우연의 싸움에서 절대적으로 유리한 것은 하나님인 것이 분명하다.

우주의 창조라는 거대한 과제 속에는 과학적 영역과 철학적 영역 또 신앙의 영역이 복합적으로 포함되어 있다. 역사적으로 수많은 전문가들이 서로 다른 입장 속에서 의견들을 제시해왔지만, 유신론적 입장에서 제시되는 창조의 개념이야말로 놀라운 비밀을 간직하고 있는 우주의 존재를 증거하는 가장 합리적인 관점일 것이다.

에필로그

우주가 언제 어떻게 시작되었는가 하는 문제는 고대 그리스 철학자들로부터 오늘날의 과학자들에 이르기까지 가장 큰 관심의 대상이다. 그렇지만 이 문제는 오늘날 최첨단에서 일하는 천문학자와 물리학자들에게도 여전히 가장 어려운 문제로 남아 있다.

필자는 대학 시절부터 물질의 근본 구성과 우주의 기원에 많은 관심을 가지고 꾸준히 이 분야의 자료를 수집하고 연구해왔다. 이러한 과정에서 세계 최고의 우주론 전문가들 사이에서 우주의 기원에 대한 심각한 의견의 불일치가 있음에도 불구하고 과학 서적이나 매스컴에서 한결같이 빅뱅 이론이 완성되고 확고부동한 이론으로 소개되고 있다는 사실을 발견하였다. 빅뱅 이론은 50여 년에 걸쳐 여전히 견고한 입지를 확보하고 있지만, 이에 동의하지 않는 최고의 전문가들도 여럿 있다. 최근의 우주 기원론은 5~6개의 서로 다른 우주론이 발표되면서 거의 춘추전국시대와 같은 혼란에 빠져 있다.

이러한 전문가와 대중의 불일치는 그 중간에서 이들을 연결해주고 알기 쉽게 해설해주는 서적이 없기 때문이라고 생각하여 이 책을 집필하게 되었다. 이 책을 완성하는 데에는 거의 7년이 걸렸다. 그 기간 동안에 힉스 입자의 발견과 플랑크 위성의 우주배경복사 측정과 같은 중요한 과학적 자료가 나오게 되어 이 책이 더 풍부해졌다.

오늘날 과학 속에 신이나 창조를 도입하면 비과학적이고 부자연스러운 것으로 보는 경향이 폭넓게 퍼져 있다. 물론 신이나 창조는 과학의 대상이 될 수 없으며 과학 속에 들어올 수 없다. 왜냐하면 과학의 정의 자체가 물질세계의 법칙을 연구하는 것이기 때문이다. 그런데 중요한 것은 존재하는 모든 것이 물질이며, 과학은 우주부터 인간까지 모든 것을 다 설명할 수 있다는 과학주의는 분명 잘못되었다. 특히, 최근 빅뱅 이론은 이러한 과학주의적 세계관의 최선봉에 있으며, 그 허실을 정확하게 알릴 필요가 있다.

필자는 대학 시절부터 창조를 믿어왔고, 교수로서 30년 가까이 과학과 신앙의 관계를 연구해왔다. 창조 과학자는 '창조를 믿는 과학자'라는 뜻이다. 역사적으로 아이작 뉴턴을 비롯하여 전자기학을 세운 패러데이와 맥스웰 같은 기라성 같은 과학자들이 모두 창조를 믿었다.

과학이 과학의 영역을 잘 지키고, 과학주의라는 한계선을 넘지 않을 때 인류의 지식과 삶의 폭이 넓어지고 윤택해진다. 과학은 보이는 세계의 작은 일부분만을 설명할 수 있을 뿐이다.

비록 창조가 과학의 영역에 속하지 않는다 하더라도, 우주의 존재의 뿌리가 창조에 있다면 우리는 창조를 진지하게 고려하여야 한다. 창조를 통하여 우주뿐 아니라 인간 존재의 의미도 더 분명하게 드러날 것이기 때문이다.

부록 1
상대성 이론

허블이 발견한 은하의 후퇴 운동으로 인한 우주의 팽창과 함께 우주를 이해하는 데 있어서 중요한 것이 바로 아인슈타인의 상대성 이론이다. 상대성 이론은 창조론적 우주론인 펼쳐진 우주론을 이해하는 데에도 필수적이다.

이곳에서는 대중의 이해 범위 안에서 상대성 이론을 개념적으로 소개하고, 이를 통하여 우주를 더 깊게 이해하고자 한다.

특수 상대성 이론

17세기에 시작한 뉴턴의 역학을 중심으로 하는 물리학은 천문학, 열역학, 전자기학 등에 중요한 기초를 제공하면서 우주와 자연의 모든 것을 설명할 수 있는 것처럼 발전하였다. 수천 년 동안 수수께끼이자 신비 그 자체였던 행성의 운동을 비롯하여 물체의 힘과 운동이 정확하게 설명되었다.

중력의 발견은 우주에 대한 본격적인 탐구를 가능하게 하였으며, 나중에 망원경의 발명과 더불어 인류의 시야가 우주 너머로 크게 확장될 수 있었다. 19세기 말에 이르자 대부분의 물리학자들은 물리학이 거의 완성되었다고 생각하였다. 두 가지 작은 문제, 곧 빛의 속도와 관련된 문제와 흑체 복사와 관련된 작은 문제가 남아 있을 뿐 그것들도 곧 해결될 것이라고 여겼다. 그러나 사실은 이 작은 두 가지 문제가 고전물리학을 종식시키고 상대성 이론과 양자역학을 탄생시키는 시발점이 되리라고는 그 누구도 생각하지 못했다.

1887년 마이컬슨과 몰리는 빛의 속도 측정 실험을 수행하였다. 당시 빛은 파동이기 때문에 빛의 파동을 전달하는 물질, 즉 에테르가 전 우주 공간에 가득 차 있어야 한다고 생각하였다. 마치 소리를 전달하는 공기나 물결파를 전달하는 물과 같이 분명히 빛이라는 파동을 전달하는 물질, 즉 에테르가 우주에 가득 차 있다고 생각한 것이었다.

마이컬슨과 몰리는 지구가 이러한 에테르의 바닷속을 움직이고 있으므로 빛이 지구의 공전 방향과 같이 움직이는 경우와 그 반대 방향에 따라서 빛의 속도가 다를 것이라고 생각하였다. 이것은 마치 강물을 거슬러 올라가는 배와 강물을 따라 내려가는 배의 속도가 달라지는 것과 같은 원리이기 때문에 누구도 이 사실을 의심하지 않았다. 다만 빛의 속도가 너무 빨라서 당시의 기술로는 그 속도의 변화를 측정할 수 없다고 생각하였다.

오늘날에는 빛의 속도가 관찰자나 광원의 움직임과 상관없이 항상 불변이라는 것을 누구나 잘 알고 있다. 하지만 당시는 달리는 기차의 속도가 고속도로 위에서 기차와 나란히 달리는 자동차의 속도에 따라서 상대적으로 다르게 관측되는 것처럼, 빛도 다른 물체와 마찬가지로 관찰자나 광원이 움직이면 속도가 변할 것으로 생각하였다.

마이컬슨과 몰리는 초속 30km로 우주 공간을 이동하는 지구를 이용하여 에테르 속에서의 빛의 상대속도를 측정하고자 하는 매우 혁신적인 아이디어를 찾아내었다. 그래서 그는 수은으로 실험실을 채운 후, 수은 위에 떠 있는 거대한 빛의 간섭 장치를 고안하였다.

실험의 결과는 예상과는 전혀 다르게 빛의 속도가 전혀 변하지 않는다는 것이었다. 당시 물리학자들은 비록 당시의 물리 이론으로 이해가 되지 않았지만, 실험 결과를 받아들일 수밖에 없었다. 결국 빛을 전달하는 에테르와 같은 물질은 존재하지 않는다는 결론에 이르렀다. 진공 중에서 빛을 전달하는 에테르 가설이 부인되면서 물리학계는 기존 물리 이론 체계 속에 커다란 문제가 있다는 사실을 확인하였다.

1905년 스위스 특허국에 근무하던 무명의 아인슈타인(1879~1955)이 특수 상대성 이론을 발표하면서 뉴턴의 고전물리학 시대는 종언을 고하였다. 당시 그는 마이컬슨-몰리 실험 결과를 모르고 있었다고 했는데, 특수 상대성 이론은 마이컬슨-몰리 실험에 의하여 더 빨리 과학계에 받아들여졌다. 특수 상대성 이론의 '특수'라는 말은 물체나 관측자가 일정한 속도, 즉 등속도로 움직이는 경우에만 제한적으로 적용된다는 뜻이다.

아인슈타인은 빛의 속도는 광원의 움직임이나 관측자의 움직임과는 아무런 상관없이 항상 초속 30만km로 움직인다는 '광속 불변의 법칙'을 가정하였다. 즉, 정지한 사람이나, 빛을 향해 다가가는 사람이나, 빛으로부터 멀어져가는 사람이나 모두 빛의 속도를 측정하면 초속 30만km로 동일한 결과가 나온다는 것이다.

이것은 고전물리학 이론에 위배되는 것이다. 예를 들어, 야구공이 날아올 때, 정지한 사람과 야구공을 향해 다가가는 사람과 야구공으로부터 멀어지는 사람은 각각 다른 야구공의 속도를 측정한다는 것이 잘 증명되어 있었기 때문이다. 그러면 이 차이는 야구공과 빛의 어떤 성질 차이 때문일까, 아니면 더 근본적인 다른 이유가 있을까?

아인슈타인은 야구공도 빛의 속도로 움직이면 결국 빛과 같은 결과를 같게 된다고 생각하였다. 즉, 야구공과 빛의 차이가 아니라 속도의 크기가 문제였던 것이다. 빛을 포함해서 모든 물체는 빛의 속도보다 더 빨리 움직일 수 없다는 광속 한계의 법칙 때문이다.

물체가 빛의 속도에 버금가게 빨리 움직이면, 시간과 공간은 저속도에서 적용되는 고전물리학적 시간과 공간으로부터 상대론적 시간과 공간으로 바뀌게 된다. 고전적 3차원의 시간과 공간의 개념에 있어서, 시간이 흘러가는 속도는 관찰자의 위치나 속도에 관계없이 모두 동일한 속도로 흘러간다고 생각되어왔다. 즉, 정지한 사람의 1시간이나 빠르게 움직이는 사람의 1시간이나 동일하다.

이와 같이 시간과 공간이 절대적이 되면, 그 대신에 상대속도에는 한계가 없어야 한다. 고전적으로 생각할 때, 빠르게 움직이면서 빛을 앞으로 쏘면 빛의 속도는 더 빨라야 할 것이다. 만약 빛의 속도로 이동하면서 빛을 앞으로 쏘면 빛의 속도는 2배가 되어야 한다.

그러나 실험 결과에 의하면, 정지 상태에서나 움직이는 상태에서나 어느 경우에나 방사한 빛의 속도가 동일하다는 것이 밝혀졌다. 이는 곧 빛과 같이 빠른 속도로 움직이는 경우에는 고전물리학의 법칙이 적용되지 않으며, 좀 더 깊게는 시간과 공간에 대한 고전적 개념 속에 어떤 중요한 오류가 있다는 의미이다.

아인슈타인의 특수 상대성 이론에 의하면, 절대적인 것은 시간과 공간이 아니라 빛의 속도 그 자체이다. 관찰자나 광원의 속도에 관계없이 가장 빠른 속도가 빛의 속도가 되려면, 자연히 시간과 공간이 상대적이 되어야 한다. 다시 말하면, 느린 속도에서는 시간과 공간이 절대적인 것으로 보이지만, 일단 빛의 속도에 버금가는 빠른 속도가 되면 시간과 공간이 달라진다. 이것이 상대성 효과이다. 즉, 시간이 흘러가는 빠르기는 관측자의 운동 속도에 따라 바뀌는 상대적인 것이다. 정지한 사람에게 1시간이 흘러갔다면, 빛의 속도에 버금가게 빨리 움직이는 사람에게는 30분만 흘러갈 수도 있다.

여기서 쌍둥이 형제의 역설이 나온다. 만약 쌍둥이 형제 가운데 형은 지구에 머물러 있고, 동생은 빛의 90%의 속도로 100광년 떨어진 별에 여행을 하고 와서 서로 지구에서 만난다면 무슨 일이 벌어질까? 고전물리학에 의하면, 형이나 동생이나 동일하게 왕복 200년의 나이를 먹었을 것이다. 그러나 상대성 이론에 의하면, 지구에 정지한 상태에 있었던 형은 200살을 먹지만, 빠른 속도로 이동한 동생은 20살만 먹을 수 있다는 것이다. 이와 같은 시간의 상대성 현상을 '시간 지연 효과'라고 한다.

시간과 마찬가지로 공간도 속도에 따라 서로 다르게 경험된다. 고전물리학에 의하면 물체의 길이는 그 물체의 고유한 특성으로서 관찰자나 물체의 속도에 관계없이 항상 동일한 것으로 생각되어 왔다. 그러나 상대성 이론에서는 관찰자나 물체가 빛의 속도에 버금가도록 빨리 움직이면, 물체의 길이도 수축한다. 정지한 상태에서 1,000m는 빛에 버금가는 매우 빠른 속도에서는 100m가 될 수 있다는 것이 잘 증명되어 있다. 실제로 물체의 길이가 줄어드는 것이 아니라, 공간 그 자체가 줄어드는 것이며, 이런 공간의 상대성 현상을 '길이 수축 효과'라고 한다.

앞의 쌍둥이 역설을 시간과 공간의 관점에서 다시 설명하자면, 지구에 남아 있는 형은 광속에 가까운 속도로 움직이는 로켓을 탄 동생이 100광년 떨어진 별로 가는 데 100년, 다시 돌아오는 데 100년, 합하여 왕복 200년 만에 지구로 돌아오는 것을 보게 된다. 동생을 만난 형은 동생이 겨우 20살밖에 나이를 더 먹지 않았다는 사실에 놀랄 것이다. 즉, 형은 시간 지연 효과를 체험한 것이다.

그러나 동생의 입장에서는 로켓 안에서의 생활은 지구상에서의 생활과 동일한 생활 리듬을 느끼므로 자신이 로켓을 타고 빠른 속도로 움직이는 것이나 시간이 천천히 흐른다는 것을 전혀 느끼지 못한다. 이것은 마치 비행기를 타고 높은 하늘을 날고 있는 사람에게는 비행기의 빠른 속도가 느껴지지 못하는 것과 같다.

동생이 로켓의 창문을 통하여 멀리 떨어진 별을 바라다보면, 지구에서 볼 때에는 100광년 떨어져 있던 별이 길이 수축 효과에 의해서 갑자기 10광년 앞의 거리에 가까이 와 있음을 보게 된다. 동생은 왕복 20년 만에 별까지 갔다 오게 되는 것이다. 형이 볼 때는 동생의 시간이 느리게 가서 젊어지는 시간 지연 효과로 보이고, 동생이 볼 때는 로켓을 타고 빠른 속도로 움직이는 순간 멀리 떨어진 별이 갑자기 가까이 다가온 것으로 보이는 길이 수축 효과로 보인다.

이런 특수 상대성 이론은 지금까지 매우 정밀한 실험에 의하여 잘 증명되었다. 특수 상대성 이론에 의하면, 시간도 공간과 마찬가지로 차원의 한 축을 이루기 때문에 시공간 4차원이라고 한다.

그 이전에는 시간은 공간 3차원과는 완전히 별개로서 공간과 독립되어 항상 동일한 속도로 흘러간다고 생각하였다. 아인슈타인은 시간도 공간과 마찬가지이며, 시간 1차원과 공간 3차원이 결합되어 시공간 4차원을 형성한다고 보았다. 그래서 상대성 이론을 시공 4차원 이론이라고 한다.

특수 상대성 이론의 또 하나의 중요한 발견은 물질과 에너지의 동등성이다. 고전물리학에서는 물체의 질량(m)은 그 물체에 부여되는 고유의 불변적 성질이라고 보았다. 예를 들어, 투수가 질량 100g의 야구공을 던질 때, 야구공은 속도에 의한 운동에너지를 갖는데, 이 운동에너지는 야구공의 질량과는 아무런 관계없이 속도에 의해서 얻어지는 에너지일 뿐이다.

이에 비해서 아인슈타인은 질량 그 자체도 에너지의 일종으로서 질량이 에너지로 변환되거나 그 반대도 가능하다고 하였다. 질량 m을 모두 에너지로 변환하면 $E = mc^2$이 되는데, 질량에 광속(c)의 제곱을 곱하므로 엄청난 크기의 에너지가 된다. 이 법칙을 발표하자, 곧 일부 과학자들은 이것을 이용하여 원자폭탄을 만드는 데 응용하기 시작하였다. 얼마 지나지 않아 제2차 세계대전에서 원자폭탄이 나타나게 되었다.

일반 상대성 이론

일정한 속도, 즉 등속에서만 적용되는 특수 상대성 이론이 커다란 성공을 거두자, 곧 아인슈타인은 중력이나 가속도가 있는 좀 더 일반적인 경우에도 적용되는 일반 상대성 이론의 개발에 착수하였다. 8년 이상의 실패를 거듭하면서 결국 그는 1916년 일반 상대성 이론을 발표하였다.

일반 상대성 이론은 특수 상대성 이론을 포함하면서, 뉴턴의 중력을 시공간에서 기하학으로 재해석한 것이다. 즉, 별과 같은 무거운 물체는 자기 주위의 공간을 휘게 만들고, 행성이나 빛과 같은 물체들은 이 휘어진 공간 속을 운행한다는 것이다.

일반 상대성 이론에 의하면, 멀리서 오는 별빛이 태양 근처를 지날 때 태양에 의해서 휘어진 공간을 통과하기 때문에 별빛의 진행 방향이 꺾이는 현상이 발생할 것으로 예측되었다. 1919년 에딩턴 경이 아프리카에서 발생한 일식을 이용하여 태양 근처를 지나는 별빛이 꺾이는 것을 관측함으로써 일반 상대성 이론은 급격히 인지도를 높였다.

최근 천체 망원경이 발달하면서 수십억 광년 떨어진 은하를 관측할 때, 그 은하와 지구 사이에 강력한 중력을 일으키는 은하단이 있어 먼 은하에서 오는 별빛이 그 은하단의 강력한 중력에 의하여 꺾이는 현상이 손쉽게 관측된다. 이것을 '중력렌즈 효과'라고 한다.

그림 24는 그러한 중력렌즈 효과에 의하여 발생한 아인슈타인 십자가의 사진이다. 이 사진에서 가운데 희미한 은하가 있고, 가장자리에 십자 형태로 4개의 은하가 보이는데, 이 4개의 은하는 사실 가운데 있는 은하의 별빛이 꺾여서 발생한 일종의 신기루 현상이다.

중력렌즈 효과는 마치 더운 사막에서 뜨거운 공기에 의해서 빛이 굴절하여 신기루가 나타나듯이 중력에 의하여 빛이 굴절하여 나타나는 일종의 우주 신기루 현상이라고 할 수 있다. 이 외에도

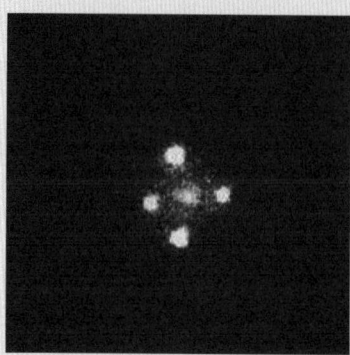

그림 24
아인슈타인 십자가. 더 멀리 있는 은하의 별빛이 앞에 있는 은하(가운데)에 의한 중력렌즈 효과로 꺾여서 4개로 보임 (Courtesy of NASA)

일반 상대성 이론은 중력에 의한 시간 지연, 중력파의 존재, 수성 근일점의 이동, 블랙홀의 존재 등을 예측하는 데 성공하였다.

그러나 일반 상대성 이론의 가장 큰 업적은 아인슈타인의 장場 방정식을 통한 우주론에 대한 기여일 것이다. 아인슈타인은 자신의 이론을 전체 우주에 적용하여 보았다. 그 결과 그는 우주가 팽창한다는 의미가 내포됨을 발견하였고, 정적인 우주를 만들기 위해서 인위적으로 우주 상수(Λ)를 방정식 속에 집어넣었다. 왜냐하면 당시까지 우주는 별이나 은하들이 정지하고 있는 정적 우주라고 모두 생각하고 있었기 때문이다. 1928년 허블이 은하들이 서로 멀어져가는 것을 관측하여 팽창 우주론을 제시하자 아인슈타인은 우주 상수를 집어넣은 것을 자신의 최대 실수라고 말하였다.

아인슈타인의 장 방정식이 팽창 우주를 내포하고 있다는 사실과 허블의 관측 사실이 발표되자, 곧 르메트르, 가모브 등은 빅뱅 이론을 주장하기 시작하였다. 그들은 현재 우주가 전체적으로 풍선이 팽창하듯이 확장되고 있다면, 과거 언젠가 우주가 시작한 순간이 있을 것이고, 우주의 시초에는 물질들의 밀도와 온도가 상상을 초월할 정도로 높아서 빅뱅을 일으켰을 것이라고 생각하였다.

　빅뱅 이론은 여러 가지 논란을 불러일으켰다. 우주가 팽창하고 있다고 하더라도 그것이 빅뱅에 의한 것이라는 주장은 부가적으로 여러 다른 문제들을 유발하였기 때문이다.

　무엇이 빅뱅을 일으켰느냐는 질문에서부터 빅뱅은 왜 생겼느냐는 질문까지, 또 빅뱅 이전에는 무엇이 존재하였는가 등의 질문들이 꼬리를 물고 제기되었다. 르메트르는 빅뱅이 하나님의 우주 창조의 시작이라고 주장하였다.

　사실 이러한 의문은 현재까지도 계속 제기되고 있으며, 스티븐 호킹은 평생 이에 대한 대답을 시도하였다. 그는 그의 최종 견해를 《위대한 설계》라는 책으로 발간하였다.

　빅뱅 이론에 대한 논란이 계속되는 동안 영국의 물리학자 프레드 호일은 '정상 상태 우주론' 또는 '연속 창조 우주론'을 제시하여 빅뱅 이론과 맞섰다. 이리하여 빅뱅 이론과 연속 창조 우주론은 소위 BB론과 CC론으로 불리며 한동안 우주 기원론의 양대 산맥을 형성하였다.

　1964년 우주배경복사가 발견되면서 호일의 CC론이 폐기되고 빅뱅 이론이 주도권을 잡았지만, 우주 기원론은 여전히 풀기 어려운 수많은 문제들과 씨름하고 있다. 중요한 것은 일반 상대성 이론이 없이는 우주의 이해에 있어서 한 발자국도 앞으로 나아갈 수 없다는 사실이다.

부록 2

우주는 몇 차원까지 있는가?

뉴턴의 고전물리학은 매우 직관적이고 생활과 밀접하여 이해하기가 쉬운 편이다. 공간은 가로, 세로, 높이의 3차원이고 시간은 공간과 독립적으로 일정한 속도로 흘러간다고 생각하였다.

아직까지도 거의 대부분의 자연현상과 기술은 고전물리학으로 충분히 정확하게 설명이 가능하다. 자동차나 로켓의 운동은 고전역학으로 설명이 가능하고, 컴퓨터와 같은 전기 장치는 전자기학이라는 고전물리학의 범위 안에서 충분하다.

현재까지도 상대성 이론은 원자력 발전소를 제외하고는 일상생활에 활용되는 기술에 거의 사용되고 있지 않다. 하지만 우주를 이해하는 천문학에 있어서는 필수불가결한 이론이다.

상대성 이론은 시공 4차원의 세계를 지배하는 물리법칙을 발견한 것이다. 그렇다면 우주는 도대체 몇 차원으로 존재하는 것일까? 우리가 경험하는 시공 4차원이 전부일까, 아니면 그 이상의 차원이 존재하는 것일까?

이 질문은 아인슈타인 이후 지금까지 시대를 통하여 가장 근본적인 질문이며, 아직까지 그 해답이 정확하게 알려져 있지 않다. 하지만 최근의 물리학의 연구 방향은 분명히 아인슈타인의 시공 4차원을 넘어선 더 높은 차원에 대한 것이다.*

초끈 이론을 연구하는 과학자들은 우주가 11차원으로 구성되어 있을 것으로 주장하고 있으며, 그 가운데 7차원은 매우 작은 공간 속으로 말려들어가서 관측이 불가능하다고 본다. 즉, 비록 11차원 우주라고 하더라도 우리가 관측 가능한 우주는 현재 남아 있는 시공 4차원밖에 없다고 생각한다.

먼저 차원이란 무엇인가에 대하여 간단하게 생각해보자. 1차원이란 2개의 점 사이를 잇는 선이며, 하나의 숫자 x로 위치를 정할 수 있다. 1차원의 선은 휘어지지 않은 직선과 휘어진 선으로 나눌 수 있다. 직선의 경우 두 점 사이의 최단 거리가 직선 위에 존재하지만, 휘어진 1차원 선은 두 점 사이의 최단 거리가 휘어진 선 밖에 존재한다.

2차원은 면으로 정의되며, 한 점의 위치를 정하는 데 2개의 숫자 x와 y 값이 필요하다. 면도 휘어지지 않은 평면과 휘어진 면이 존재한다. 휘어지지 않은 평면에서는 삼각형의 내각의 합이 180°이지만, 지구의 표면과 같이 휘어진 면에서 삼각형의 내각의 합은 휘어진 방향에 따라서 180°보다 클 수도 있고 작을 수도 있다.

작은 개미가 넓은 2차원 면 위에서 그 면이 휘어졌는지 알아내는 방법은 3개의 직선을 그어 삼각형을 만들고 그 내각의 합을 구

---

* 리사 랜들, 《숨겨진 우주》, 사이언스북스, 2008.

해서 180°가 되는지 알아보는 것이다.

3차원은 공간으로 정의되며, 한 점의 위치를 정하는 데 x와 y와 z 값이 주어져야 한다. 2차원의 면과 마찬가지로, 3차원의 공간도 휘어지지 않은 편평한 공간과 휘어진 공간이 존재할 수 있다. 공간의 휘어짐은 3차원 속에 살고 있는 인간이 상상하기 힘들지만, 수학적으로 기술하거나 측정을 통해서 알 수 있다.

공간의 휘어짐을 알아내기 위해서는 역시 삼각형을 만들고 내각의 합을 구해서 180°가 되는지 확인함으로써 가능하다. 만약 휘어진 공간이라면 그 값이 180°보다 더 큰지 작은지에 따라서 휘어짐의 방향도 알 수 있다.

뉴턴의 고전물리학이 3차원 공간 내에서 발생하는 자연현상을 취급하는 것이라면, 아인슈타인의 상대성 이론은 시간 1차원과 공간 3차원이 합쳐진 시공 4차원을 다루는 물리학으로서 고전물리학을 한 단계 더 확장하였다고 볼 수 있다.

그렇다면 시공 4차원을 벗어난 더 높은 차원은 존재하는 것일까? 존재한다면 몇 차원까지 존재하는 것일까? 마치 2차원의 면에서 일어날 수 있는 일에 비해서 3차원 공간에서 발생하는 현상이 엄청나게 많아지듯이 차원이 하나 높아지면 물리학은 완전히 달라진다.

2차원 면 위에서만 살고 있는 개미가 있다고 치자. 이 개미에게는 2차원만 보이며, 개미의 몸도 2차원의 면으로 구성될 것이다. 어느 날, 3차원을 날아다니는 나비가 잠시 개미 앞에 내려앉는다면 개미는 시공을 초월해서 갑자기 놀라운 생명체가 자기 앞에 나타났다고 놀랄 것이다. 그리고 나비가 날아가면 개미는 나비가 갑자기 사라졌다고 생각할 것이다. 소위 기적이 나타난 것이다. 3차원의 나비에게는 자연스러운 현상이 2차원의 개미에게는 놀라운 기적처럼 보일 것이다. 성경 여러 곳에 천사들이 사람들 앞에 갑자기 나타났다가 사라졌다는 기록이 있다.

예를 들면, 누가복음 1장 28절에 예수님의 어머니 마리아에게 천사가 갑자기 나타나서 성자 수태를 알려주는 장면이 나온다. 천사의 입장에서는 하나님의 명령을 마리아에게 전달하기 위하여 자연스럽게 3차원 공간 속으로 나타났을 뿐인데, 마리아의 입장에서는 깜짝 놀랄 기적과 같은 일이 일어났던 것이다.

높은 차원은 낮은 차원을 포함하고 지배한다. 현재의 물리학은 높은 차원에 대해서 정확하게 이해하지 못하고 있지만, 그 존재에 대해서는 어렴풋하게 짐작을 하기 시작하고 있다. 초끈 이론에서는 9차원의 공간과 1차원의 시간을 가정함으로써 이론의 수학적 논리의 자기 일치성을 만족시키는 데 성공하였다. 브라이언 그린은 초끈 이론을 대중적으로 소개한 그의 책 《엘리건트 유니버스》에서 차원에 대해서 다음과 같이 말하였다.

> 빅뱅이 일어나기 전에는 9차원의 공간 차원들이 모두 매우 좁은 영역 속에 갇혀 있었다. 그러다가 빅뱅이 일어나면서 3개의 공간 차원과 1개의 시간 차원이 커다란 스케일로 확장되었고, 나머지 여섯 개의 차원은 아직도 그대로 남아 있다.

그러나 여전히 9개의 공간 차원과 1개의 시간 차원에 대한 주장은 순전히 가설이라는 것을 기억할 필요가 있다. 그리고 6개의 공간 차원이 어떠한 실험 장치로도 탐지가 어려운 10의 18제곱 분의

1m(10^{-18}m)라는 매우 작은 크기 속에 숨어 있다는 것도 증명할 방법이 없다.

중요한 것은 여분의 차원이 존재할 가능성이 매우 높다는 것만은 분명하다는 것이다. 이 여분의 차원이 어떤 형태로 존재하는가 하는 것은 앞으로 미래의 물리학이 풀어야 할 숙제이다.

초끈 이론은 아직 가설적 단계이기는 하지만, 이론 체계적으로 많은 발전을 이루고 있고, 여분의 높은 차원의 존재 그 자체를 강력하게 암시하고 있다. 초끈 이론의 여분의 6개 차원은 너무 작은 공간 속에 말려 있어서 어떤 생명체가 살거나 천사들이 거주할 것 같은 높은 차원과는 거리가 멀어 보인다.

성경적으로 보면, 높은 차원은 너무 작은 공간에 말려 있는 그런 차원이 아닌 것이 분명하다. 전체 우주는 물질로 구성되는 자연적 우주를 넘어서 초자연적 우주가 펼쳐져 있을 것이며, 이 초자연적 우주를 성경은 천국이라고 부른다. 3차원 나비의 눈에는 2차원 개미가 보이지만 2차원 개미의 눈에는 3차원 나비가 보이지 않듯이, 초자연 우주에서는 자연적 우주가 보이지만 자연적 우주에서는 초자연적 우주가 보이지 않는다. 따라서 자연적 우주에 거하는 물리학자들이 우주의 여분의 차원을 발견하는 것은 매우 어려운 일일 것이다.

5차원 물리학

1919년 칼루자는 공간 3차원, 시간 1차원으로 구성되는 우주 공간에 하나의 여분의 공간 차원을 가정해서 공간 4차원, 시간 1차원으로 구성되는 시공 5차원하에서 아인슈타인의 일반 상대성 이론을 확장하여 보았다. 그 결과는 3차원 공간에 적용했을 때 일반 상대성 이론과 정확하게 일치했으며, 여분의 차원 때문에 아인슈타인의 상대성 이론을 능가하는 새로운 내용이 더 있었다.

칼루자는 이 확장된 방정식 속에 맥스웰의 전자기 방정식이 포함되어 있다는 사실을 발견하고 깜짝 놀랐다. 칼루자는 하나의 차원을 추가함으로써 아인슈타인의 일반 상대성 이론과 맥스웰의 전자기 이론을 통합하는 데 성공한 것이다. 그 이전에는 중력과 전자기력은 서로 아무런 상관이 없는 이론들이었다.

좀 더 깊이 생각해보면, 하나의 전자는 질량과 전하를 동시에 가지고 있어서, 질량은 중력을 발생시키고 전하는 전자기력을 발생시킨다. 즉, 중력과 전자기력은 하나의 물체에서 나오는 것임이 틀림없다. 그런데 물리학 이론에서는 중력과 전자기력은 서로 상호작용을 하지 않는 독립적인 힘이고, 이론 역시 각자 독립적으로 발전되어왔다.

그런데 여분의 차원 하나를 더함으로써 중력과 전자기력은 깊은 상관관계를 가지고 있음이 드러났다. 칼루자는 중력과 전자기력이 모두 공간의 진동과 관계되고 있으며, 중력은 3차원 공간의 진동에 의해서 전달되고, 전자기력은 여분의 차원인 숨겨진 차원의 진동을 통해서 전달된다고 해석하였다.

칼루자가 이러한 내용을 담은 논문을 아인슈타인에게 보냈을 때, 아인슈타인은 상당한 관심을 보이면서도 그 모순점을 지적하였다. 칼루자의 높은 차원의 이론은 양자물리학의 발전의 전성기인 1920년대에 발표되어 시대적 관심을 받지 못하였고, 또한 너무 시대를 앞서간 이론이었다. 50년이나 흐르고, 양자역학이 거의 완성 단계에 접어들자 다시 칼루자의 이론은 관심을 끌기 시작하였으며, 초끈 이론의 발달에 상당한 영향을 미쳤다.

클라크는 《5차원 물리학》이라는 책에서 5차원 물리학 체계를 소개하고, 5차원 물리학에 의하면 빅뱅이 필요 없다는 것을 보여주었다. 한편, 이스라엘 벤구리온 대학에서 이론물리학 앨버트 아인슈타인 교수를 역임한 카르멜리는 클라크의 5차원 물리학을 기초로 하여 우주론적 상대성 이론을 발표하였다.**

그는 3차원 공간이 팽창하는 또 하나의 방향을 설정하고, 우주가 팽창하는 구면이라는 전제하에 우주 전체에 적용되는 우주론적 상대성 이론을 유도하는 데 성공하였다. 또 그는 5차원 물리학의 예측이 수십억 광년 너머의 먼 은하에 대한 최근의 측정 결과와 일치한다고 주장하였다. 이 이론에 따라 우주는 암흑 물질이나 암흑 에너지가 필요 없다고 최근 연구되고 있다.

특히, 하르트넷은 5차원 우주론을 팽창하는 구면 우주에 적용함으로써 창조 주간에 우주 공간이 펼쳐졌으며, 지금은 그 펼침이 끝났다고 주장하였다. 그는 이 기간에 엄청난 시간 팽창이 발생하였기 때문에 지구에서 측정되는 원자 시간으로는 지구의 나이가 매우 젊지만, 우주 시간으로는 수백억 년이 흘렀다고 하였다.***

이와 같이 차원을 하나 높임으로써 새로운 물리학이 탄생하게

** Alan D. Clark, *Physics in 5 Dimensions : Bye Bye Big Bang*, Books on Demand, 2015.
*** en.wikipedia.org "Moshe Carmeli"

되고, 우주를 이해하는 관점이 완전히 달라질 수 있다. 비록 아직 완전하게 증명된 것은 아니지만, 5차원 또는 그 이상의 차원이 없다고 할 수 없다. 오히려, 최근의 물리학은 높은 차원을 고려하여 새로운 길을 찾는 방향으로 나아가고 있다.

부록 3
신의 입자

2011년 유럽 원자핵 공동 연구소, 즉 CERN의 거대 강입자 가속기Large Hadron Collider, LHC가 작동하여 처음으로 '신의 입자'라고 불리는 힉스Higgs 입자의 존재 가능성을 발견하였다. 이 소식으로 전 세계가 술렁였으며, 물리학의 문외한들조차 신의 입자가 무엇인지 많은 관심을 기울였다.

많은 사람들이 오해하는 것은 '신의 입자'라는 입자가 우주의 비밀을 모두 가지고 있는 그러한 '신적 입자'라고 생각하는 것이다. 그러나 이는 잘못 붙여진 이름에서 비롯된 오해이다. 오랫동안 많은 노력에도 불구하고 힉스 입자를 발견하는 것이 거의 불가능해 보이자, 저자 레더만Leon Lederman이 힉스 입자에 대한 책 제목을 '빌어먹을 입자God-damn particle'라고 하자 출판사에서 '신의 입자God Particle'로 정정하면서 붙여진 이름일 뿐이다. 1993년 《신의 입자》란 이름으로 책이 나오자 실제로 힉스 입자의 존재를 처음으로 예견하였던 힉스조차 그 이름을 매우 싫어하였다고 한다.

힉스 입자는 전자나 쿼크와 같은 소립자에 질량을 부여하는 힉스 장場, higgs field을 의미한다. 입자 물리학에서는 장場, field과 입자particle는 거의 동의어로 사용되는 개념이다. 말하자면, 중력장에서 중력자라는 입자가 나오고, 전자기장에서 광자라는 입자가 나온다. 마찬가지로 힉스 장에서 곧 힉스 입자가 나오기 때문에 이 두 가지는 동일한 개념이다.*

물리학의 목표는 우주에 존재하는 근본적인 4가지 힘, 즉 전자기력, 중력, 약한 핵력, 강한 핵력을 통합하고자 하는 것이다. 아인슈타인은 현재 서로 완전히 다른 종류의 힘으로 보이는 그 힘들이 근본적으로는 하나의 힘이라는 가정하에 통합을 시도하였으나 결국 성공하지 못했다.

전자기력은 (+) 또는 (−) 전기를 띤 전하와 전하 사이에서 서로 당기거나 미는 힘으로서 이미 19세기부터 잘 알려져 있고, 전압과 전류 현상을 일으켜 모든 전자 기기가 작동하는 데 활용되는 힘이다. 여름철의 벼락은 구름 속에 대전된 강한 정전기가 지구 표면으로 흘러들면서 발생하는 것인데, 이것도 역시 전자기력 때문이다. 이 힘은 전기를 띤 두 입자 사이의 거리의 제곱에 반비례한다.

중력은 질량을 가진 입자들 사이에 작용하는 힘으로서 역시 거리의 제곱에 반비례한다. 전자기력과 중력 이 두 가지 힘은 일상생활 속에서 쉽게 체험되고 있으며, 먼 거리까지 그 영향력을 행사하기 때문에 '장거리 힘'이라고 한다.

약한 핵력은 방사능 원자 속에서 원자핵 붕괴를 일으키는 힘이며, 본질적으로 전자기력과 같은 종류의 힘이라는 것이 밝혀졌다.

강한 핵력은 원자핵 내부에서 양성자 또는 중성자 사이에 서로 잡아당기는 매우 강력한 힘으로서 원자핵 내부에만 존재하여 바깥

---

* 리사 랜들, 《이것이 힉스다》, 사이언스북스, 2013.

에는 영향을 미치지 않기 때문에 '단거리 힘'이라고 불린다.

모든 물질을 구성하는 원자 속의 중심에 위치한 원자핵에는 엄청난 에너지를 가진 핵력이 들어 있지만, 밖으로 누출되지 않아서 아무런 피해를 일으키지 않는다. 그러나 우라늄과 같이 불안정한 방사능 원자핵의 경우, 원자핵이 붕괴하면서 강한 핵력이 일부 밖으로 노출되는데, 이것이 원자력 에너지가 되어 원자폭탄이나 원자력 발전에 활용된다.

태양의 중심부에는 수소의 원자핵, 즉 양성자 4개가 결합하여 헬륨 원자핵이 되는 핵융합 과정이 진행되면서 엄청난 양의 강한 핵력의 에너지가 방출된다. 이 에너지는 태양 내부의 대류 현상에 의하여 표면으로 분출되고, 다시 강력한 빛에너지가 되어 우주에 그 밝은 빛을 뿌린다. 결국, 지구에 쏟아지는 모든 빛에너지의 근원은 태양 중심부의 강한 핵력으로부터 오는 것이다.

중력은 뉴턴이 17세기에 발견한 이후 가장 일상적인 힘으로 잘 알려져 있고 다양하게 모든 산업에 활용되고 있다. 지구가 태양을 공전하는 것도 중력 때문이며, 사과가 아래로 떨어지는 것도 중력 때문이다. 중력은 이미 잘 이해되고 있다고 생각될지 모르지만, 중력의 본질이 무엇이며 중력은 왜 발생하는가라는 근본적인 질문을 해보면 4가지 힘 중에서 가장 그 메커니즘이 어렵다. 즉, 중력은 가장 친숙하고 가장 가까이 있고, 가장 잘 이해되지만, 그럼에도 물리학자들에게는 가장 이해하기 어려운 힘이다.

물리학자들은 이 4가지 힘이 더 근본적인 관점에서 보면 궁극적으로 하나의 힘의 다른 표현일 것이라고 생각하고 있다. 아인슈타인도 자신의 나머지 인생을 이 힘들의 통합에 쏟았지만 결국 아

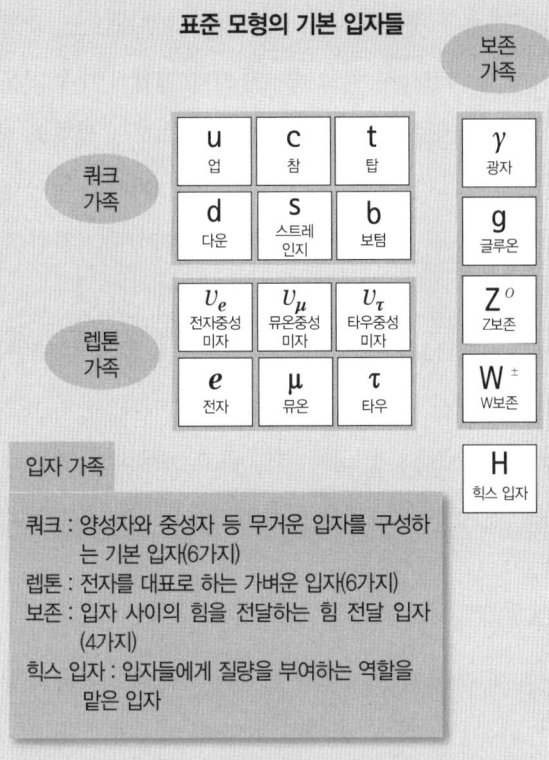

그림 25
표준 모형의 기본 입자 17종류

무엇도 이루지 못하였다.

우선적으로 가장 쉽게 통일된 힘은 전자기력과 약한 약력이며, 그 다음에 강한 핵력이 통일되었으며, 그 이론 체계를 표준 모형이라고 한다. 물리학의 표준 모형에 의하면, 우주를 구성하는 근본 입자는 12개의 소립자와 4개의 힘 전달 입자이다. 그림 25에 나타나 있듯이, 12개의 소립자는 6가지 쿼크로 구성되는 쿼크quark 가족과 6가지 가벼운 입자로 구성되는 렙톤lepton 가족으로 나누어진다.

그리고 렙톤 가족은 중성미자, 전자, 뮤온, 타우 등으로 구성된다.

쿼크 가족 내의 6가지 쿼크 중 3가지가 결합하여 무거운 원소에 해당하는 양성자 또는 중성자가 된다. 그리고 양성자와 중성자는 전자와 결합하여 수소, 헬륨, 탄소, 철 등의 100가지 이상의 원소를 형성하고, 이 원소들이 서로 다양하게 화학적으로 결합하여 분자를 이룬다.

앞에서 열거된 12가지 기본 입자들은 서로 힘을 주고받는데, 그 힘을 전달하는 매개 입자가 바로 보존 가족이다. 광자는 전자기력을 주고받는 역할을 하며, 글루온은 쿼크 사이에 강력을 전달하는 역할을 맡고 있다. 그리고 Z보존과 W보존은 약력을 전달한다.

이들 12가지 기본 입자들 사이에 힘을 주고받는 일 이외에 또 한 가지 중요한 숙제가 남아 있었는데, 그것은 바로 이 입자들의 질량이 어떻게 주어지느냐의 문제였다. 1929년 영국의 뉴캐슬에서 태어난 이론물리학자 힉스를 비롯하여 5명의 물리학자들은 1964년에 이들 입자들에 질량을 부여하는 입자가 존재해야 한다고 주장하였다. 그 이후 힉스 입자는 질량이 양성자의 약 133배 정도(126GeV)일 것이라고 예측되었다. 2008년에 힉스 입자를 발견할 정도의 높은 에너지를 갖는 거대 강입자 가속기가 완성되어 본격적으로 그 탐색 과정에 들어갔다.

2011년 힉스 입자의 존재 확률은 98% 정도라고 발표되었는데, 물리학에서 완전한 증명은 99.9999%가 되어야 인정을 받는다. 더 많은 실험 끝에 유럽 원자핵 공동 연구소는 드디어 2012년 7월 4일에 힉스 입자를 발견하였다고 공식적으로 발표하였다.

이러한 성공에 힘입어 표준 모형은 쿼크와 전자를 중심으로 중성미자 등을 포함하여 원자핵, 원자, 분자의 특성을 설명하는 데 성공하였지만, 일반 상대성 이론으로 설명되는 중력이 완전히 빠져 있고, 암흑 에너지와 암흑 물질을 전혀 설명하지 못하고 있다. 또한 뉴트리노 진동 등을 설명하지 못하는 문제점을 가지고 있다.

비록 힉스 입자의 존재가 증명되었지만, 여전히 물리학의 갈 길은 멀고도 멀다. 힉스 입자의 증명으로 인해서 표준 모형에 대한 신뢰도가 더 높아졌지만, 표준 모형은 전자기력, 약한 핵력, 강한 핵력을 통합하는 제한된 이론이다. 우주에는 별들과 은하들의 운동을 다스리는 중력이 존재하는데, 표준 이론에 중력을 포함시키려는 많은 시도가 있었지만 아직 성공하지 못했다. 이것은 표준 모형이 우주에 대해서는 별로 설명을 할 수 없다는 의미이다.

표준 모형을 확장하여 중력까지 통합하고자 제시된 초끈 이론은 아직 순전히 이론적 단계에 있고, 초끈 이론을 검증하려면 태양계 크기의 가속기가 필요하다. 따라서 실제 실험으로 검증하는 것이 아예 불가능하다고 알려지고 있다.

우리가 걸어온 길을 되돌아보면 먼 거리를 왔고, 우주와 물질에 대해서 매우 많은 지식을 얻었다고 할 수 있다. 하지만 여전히 우리는 아직 우주와 물질의 근본에 대해서는 아는 것보다 모르는 것이 훨씬 많다고 할 수 있다.

부록 4
지평선 문제와 편평도 문제

일반 상대성 이론에 따르면, 우주 속의 물질들이 발생하는 중력에 의하여 우주 공간은 휘어질 수 있다. 이때 우주의 평균 밀도와 임계밀도의 비율에 따라서 우주 공간의 곡률이 플러스(+), 마이너스(−), 영(0)이 될 수 있다.

우주의 평균밀도와 임계밀도의 비를 오메가(Ω_0)라고 하는데, 우주의 평균밀도가 임계밀도보다 크면($\Omega_0 > 1$), 우주의 곡률은 플러스(+)가 되고, 이를 '닫힌 우주'라고 한다. 닫힌 우주를 검증하는 방법은 비교적 간단하다. 그림 26의 구면 우주 표면에 보인 것과 같이, 구면의 우주 공간에 그려진 삼각형의 내각의 합을 구하면 180°보다 더 클 것이다. 닫힌 우주는 팽창하다가 중력의 힘에 의해서 다시 수축하는 대수축 big crunch을 일으키고 말 것이다.

만약 우주의 평균밀도가 임계밀도보다 작으면($\Omega_0 < 1$), 우주의 곡률은 마이너스(−)가 되고, 이를 '열린 우주'라고 한다. 열린 우주를 검증하는 방법도 간단하다. 그림 26의 가운데 나타난 쌍곡면 표면에 그려진 것과 같이, 우주 공간에서 삼각형의 내각의 합이 180°보다 작으면 열린 우주가 된다. 열린 우주라는 말은 우주의 팽창력

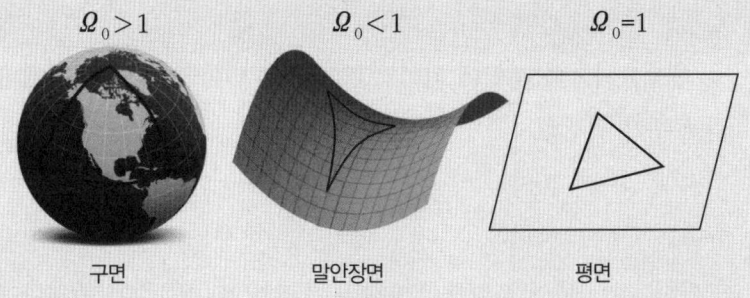

그림 26

우주의 평균밀도와 임계밀도의 비(Ω_0)에 따른 공간의 곡률. 구면 공간의 표면 위에서 삼각형의 내각의 합은 180°보다 크고, 말안장면과 같이 쌍곡면의 표면 위에서의 삼각형의 내각의 합은 180°보다 작으며, 평면 위에서의 삼각형의 내각의 합은 180°가 된다. 삼각형의 내각의 합을 구함으로써 공간의 휘어짐을 파악할 수 있다.

이 중력보다 커서 우주는 영원히 팽창하면서 온도가 낮아져서 결국 암흑 속으로 사라지는 열적 죽음 상태로 간다는 의미이다.

만약 우주의 평균밀도가 임계밀도와 같으면(Ω_0=1), 우주의 곡률은 영(0)이 되고, 이를 '편평한 우주'라고 한다. 그림 26의 세 번째 그림에 나타난 평면 우주 표면에 그려진 것과 같이, 편평한 우주라는 말은 삼각형의 내각의 합이 정확하게 180°가 되는 우주를 말하며, 우주의 팽창력과 중력이 완벽한 균형을 이루어서 오랜 기간 현재 상태를 유지한다는 의미이다.

얼마 전까지도 우주 전체의 질량을 정확하게 알지 못해서 우주의 평균밀도가 임계밀도보다 큰지 작은지 알 수 없었다. 최근의 관측에 의하면, 우주는 거의 편평함이 밝혀졌다. 즉, Ω_0=1.012±0.02로 측정되어 우주의 평균밀도가 임계밀도와 거의 같다는 것이다. 지금까지의 측정 결과에 따르면 우리가 살고 있는 우주는 거의 편평한 우주로 보인다.

우주론자들의 계산에 의하면, 약 150억 년의 시간 동안 현재처럼 우주가 편평해지려면 우주 초기 빅뱅 당시의 우주 전체의 질량이 임계질량과 10의 62제곱 분의 1(10^{-62})의 범위 내에서 일치해야 한다는 것이 밝혀졌다. 이 정도의 정밀도는 상상을 초월하는 정밀도이며, 이런 우연에 의하여 오늘날 우리가 보는 우주가 존재한다는 것은 정말 믿기 힘든 불가능의 확률이다. 참고로, 100km 우주 상공에서 우주선을 타고 지구를 돌다가 무작위로 지구를 향해 화살을 딱 한 개 쏘아서 서울 시청 마당에 수직으로 세워진 바늘 끝을 맞출 확률이 10의 20제곱 분의 1(10^{-20})임을 생각한다면 앞의 확률이 얼마나 작은지 알 수 있을 것이다.

편평도 문제란 약 150억 년의 나이를 가진 오늘날의 우주가 열린 우주도 아니고 닫힌 우주도 아니며, 매우 편평하기 위해서는 빅뱅 당시 오메가가 정확하게 1이 되어야 한다는 것이다. 오메가가 1에서 10의 62제곱 분의 1(10^{-62})만큼만 범위를 벗어나도 오늘날의 우주는 존재가 불가능하다는 의미이다.

즉, 편평도 문제는 오메가의 미세 조정과 관련된 것으로, 신의 창조가 아니면 불가능하다는 뜻으로 해석되기도 했다. 그러나 자연주의적 우주론자들은 우주의 기원에 신의 창조라는 개념을 도입하기를 꺼려하였고, 자연적 과정만으로 모든 것을 설명하기를 원했기 때문에 편평도 문제를 해결하는 것은 그들에게 중요한 문제였다.

지평선 문제는 정보는 빛보다 더 빨리 전달될 수 없다는 특수 상대성 이론에서 발단되었다. 우주에서 빛은 가장 빠르기 때문에 그 어떤 정보도 빛보다 더 빨리 전달될 수 없다. 또한 우주의 물질들은 빛보다 훨씬 느리게 움직이기 때문에 수백억 광년 떨어진 우주의 서로 반대 영역은 물질이나 에너지를 서로 교환할 수 없다. 따라서 물리적으로 완전히 고립되어 온도나 우주배경복사 그리고 은하의 밀도 등이 서로 많이 달라야 한다. 즉, 우주의 서로 반대편이나 멀리 떨어진 지역들은 상호작용을 할 수 없기 때문에 우주 전체의 모습을 관측해보면 상당한 불균일성을 보여야 한다. 실제로 거대한 우주 속에서 은하들은 지구에서 볼 때 각도로 2° 정도의 범위 안에서만 영향을 미칠 수 있다고 알려져 있다. 이것을 '물질 지평선'이라고 한다.

하지만 실제 우주배경복사와 은하들의 분포를 통하여 관측되는 우주는 이 물질 지평선을 넘어 서로 멀리 떨어진 지역들이 과거에 서로 물질이나 에너지를 많이 교환한 것처럼 보인다. 즉, 우주 전체가 매우 균일하다는 사실은 곧 과거에 멀리 떨어진 우주의 다른 영역들이 서로 물질이나 에너지를 교환했다는 강력한 증거이다. 즉, 우주의 지평선이 우주 전체로 보이는 것이다. 그렇다면 매우 좁은 영역에 해당하는 물질의 지평선과 우주 전체에 걸쳐 펼쳐지고 있는 우주의 지평선을 어떻게 조화시킬 것인가? 이 문제가 바로 지평선 문제로, 초기 빅뱅 이론의 가장 심각한 문제 중의 하나였다.

알란 구스는 인플레이션이라는 우주 급팽창 과정을 도입함으로써 이론적으로 편평도 문제와 지평성 문제를 해결하는 데 성공하였다. 하지만 인플레이션이 실제로 존재하였는지에 대한 의문은 아직도 계속되고 있다.

참고 문헌

B. Carroll and D. Ostlie 지음, 강영운 외 옮김, 《현대 천체물리학》, 청범, 2009.
Zeilik, M. and Gregory, S. A. 지음, 윤홍식 외 옮김, 《천문학 및 천체물리학》, Cengage, 2015.
게르하르트 뵈르너, 《창조자 없는 창조》, 해나무, 2009.
고든 웬함, 《창세기》, 솔로몬, 1987.
고시바 마사토시, 《중성미자 천문학의 탄생》, 블루백, 1994.
김영길 외, 《진화는 과학적 사실인가?》, 한국창조과학회, 1981.
김정한, 《창세기 이야기》, IVP, 1997.
김준, 《창세기의 과학적 이해》, 한국창조과학회, 2004.
다카후미, 《지구 46억 년의 고독》, 푸른산, 1990.
대니 포크너, 《우주와 창조》, 디씨티와이, 2009.
래리 파커, 《대폭발과 우주의 탄생: 대폭발 이론은 입증되었는가?》, 전파과학사, 1993.
레더만, 《신의 입자》, 에드텍, 1993.
레더만, 《쿼크에서 코스모스까지》, 범양사, 1989.
리 스트로벨, 《창조설계의 비밀》, 두란노, 2005.
리사 랜들, 《숨겨진 우주》, 사이언스북스, 2008.
박석재, 《아인슈타인과 호킹의 블랙홀》, 휘슬러, 2005.
박재모·현승준, 《초끈이론》, 살림, 2005.
배리 파커, 《보이지 않는 물질과 우주의 운명》, 전파과학사, 1997.
배리 파커, 《상대적으로 쉬운 상대성 이론》, 전파과학사, 2006.
배리 파커, 《초이론을 찾아서》, 전파과학사, 1987.
배리 파커, 《충돌하는 은하》, 전파과학사, 1998.
브라이언 그린, 《엘리건트 유니버스》, 승산, 2002.
스티븐 마이어, 《세포 속의 시그니처》, 겨울나무, 2014.
스티븐 호킹 지음, 전대호 옮김, 《위대한 설계》, 까치, 2010.
스티븐 호킹, 《시간은 항상 미래로 흐르는가?》, 우리시대사, 1992.
스티븐 호킹, 《시간의 역사》, 까치, 1998.
스프라울, 《창조인가 우연인가》, 생명의 말씀사, 2014.

양승훈, 《다중격변창조론》, SFC, 2011.
양승훈, 《창조론 대강좌》, CUP, 1996.
양승훈, 《창조와 격변》, SFC, 2011.
우사미 마사미, 《창조의 과학적 증거들》, 창조과학회, 1996.
이광식, 《천문학 콘서트》, 더숲, 2011.
이병수 편역, 《엿새 동안에》, 세창미디어, 2011.
이병수, 《큰 깊음의 샘들이 터지며》, 세창미디어, 2012.
이철훈, 《일반상대론》, 민음사, 1986.
장기홍, 《진화론과 창조론》, 한길사, 1991.
제임스 사이어, 《기독교 세계관과 현대사상》, 한국기독학생회 출판부(IVP), 2007.
조덕영, 《위대한 과학자들이 만난 하나님》, 예영, 2007.
조철수, 《메소포타미아와 히브리 신화》, 길, 2000.
조철수, 《수메르 신화》, 서해문집, 2005.
존 레녹스, 《빅뱅인가 창조인가》, 프리윌, 2013.
존 맥아더, 《우주와 인간의 시작》, 부흥과 개혁사, 2011.
존 모리스, 《젊은 지구》, 한국창조과학회, 2005.
존 보슬로우, 《스티븐 호킹의 우주》, 책세상, 1990.
찰스 험멜, 《과학과 신앙-갈등인가 화해인가?》, IVP, 1991.
최승언, 《천체물리학의 이해》, 북스힐, 2012.
캐런 좁스, 모세 실바, 《70인역 성경으로의 초대》, CLC, 2010.
켄 햄, 폴 테일러, 《창조와 진화의 신앙 대 신념》, 국민일보사, 1988.
토머스 쿤, 《과학혁명의 구조》, 까치, 2013.
퍼거슨, 《우주와 창조자》, 세복, 2009.
폴 데이비스, 《현대물리학이 발견한 창조주》, 정신세계사, 1988.
피터 코브니, 로저 하이필드 지음, 이남철 옮김, 《시간의 화살》, 범양사, 1995.
한병기, 《창세기 강론》, 규장, 1994.
헤이즌, 《풀리지 않는 과학의 의문들 14》, 까치, 2000.
헨리 모리스, 《진화냐 창조냐》, 선구자, 1979.
헨리 모리스, 《창세기 상》, 베이커 북스, 2007.
호이카스, 《근대과학의 출현과 종교》, 정음사, 1989.

Andrews, E. H., *God, Science, and Evolution*, Evangelical Press, 1985.

Ashton, J. F., *In Six Day: Why Fifty Scientists Choose to Believe in Creation*, Master Books, 2001.

Barbour, I., *Religion in an Age of Science*, Harper San Francisco, 1991.

Bitton, Y., *Awesome Creation: A Study of the First Three Verses of Genesis, with the Aid of Modern Science*, Gefen Pub. House, 2015.

Brown, C. S., *Big History*, A Caravan Book, 2007.

Clark, A. D., *Physics in 5 Dimensions : Bye Bye Big Bang*, Books on Demand, 2015.

Craig, W. L., *Theism, Atheism, and Big Bang Cosmology*, Clarendon, 2003.

Davies, P., *The Cosmic Blueprint: New Discoveries in Nature's Creative Ability to Order the Universe*, New York: Simon and Schuster, p.203, 1988.

Denton, M. J., *Nature's Destiny: How the Laws of Biology Reveal Purpose in the Universe*, New York, Free Press, 1998.

DeYoung, D. B., *Astronomy and Creation*, Creation Research Society Books, 1995.

Fischer, R. B., *God Did It, But How?* Academic Books, 1981.

Faulkner, D. R., *The New Astronomy Book(Wonders of Creation)*, Master Books, 2014.

Geisler N. L. and Anderson, J. K., *Origin Science*, Baker Books.

Gentry, R., *Creation's Tiny Mystery*, ESA, 1988.

Greenwood, K., *Scripture and Cosmology: Reading the Bible between the Ancient World and Modern Science*, IVP, 2015.

Hogan, J., *The End of Science*, Helix Books, 1995.

Humphrey, R., *Starlight and Time*, Master Books, 1994.

Jaki, S. L., *Cosmos and Creator*, Scottish Academic Press, 1980.

Jaki, S., *The Road of Science and The Ways to God*, Scottish Academic Press, 1978.

Jeffrey, G. R., *Creation: Remarkable Evidence of God's Design*, Waterbrook Press, 2003.

Kirshner, R. P., *The Extravagant Universe*, Princeton University Press, 2002.

Leeming, D., *A Dictionary of Creation Myths*, Oxford Press, 1994.

Lennox, J. C., *Seven Days That Divide the World: The Beginning According to Genesis and Science*, Zondervan, 2011.

Lennox, J. C., *God and Stephen Hawking: Whose Design Is It Anyway?*, Lion Hudson, 2011.

Lisle, J., *Taking Back Astronomy: The Heavens Declare Creation*, Master Books, 2006.

Livio, M., *The Accelerating Universe*, John Wiley & Sons, 2000.

Maunder, E. W., *Astronomy of the Bible*, Richard Clay & Sons, 1908.

McDowell, J. and Stewart, D., *Reasons*, Living Books, 1988.

Missler, C., *The Book of Genesis*, Koinonia House, 2004.

Morris, H. and Morris, J., *Science, Scripture, and The Young Earth*, ICR, 1989.

Morris, H. M., *The Long War Against God*, Baker Book House, 1995.

Mulfinger, G. Jr., *Design and Origins in Astronomy*, Creation Research Society Books, 1996.

Pennock, R. T., *Tower of Babel, The Evidence against the New Creationism*, The MIT Press, February 28, 2000.

Polkinghorne, J., *Science and Creation*, SPCK, 1988.

Randall, R., *Warped Passage*, 사이언스북스, 2008.

Ross, H., *Creation and Time*, Navpress, 1994.

Rowan-Robinson, M., *Cosmology*, Clarendon Press, 1977.

Sagan, C., *Blue Pale Dot : A Vision of Human Future in Space*, Random House, 1994.

Schoch, R. M., *Voices of The Rocks*, Harmony Books, 1999.

Schroeder, G. L., *Genesis and The Big Bang*, Bantam Books, New York, 1990.

Van Till, H. J., *The Fourth Day*, W. B. Eerdsmans Pub. Co., 1989.

Van Till, H. J. Young, D. A. and Menninga, C., *Science Held Hostage*, IVP, 1988.

Weinberg, S., *The First Three Minites*, Bentam Books, 1977.

찾아보기

ㄱ

가모브 30
가속 팽창 29, 71
가속 팽창 우주론 63
가이난 162
간격 이론 144, 175
강입자 가속기 258
강한 핵력 255
거품 우주 53, 100, 104
검증 가능성 176
겉보기 나이 199, 209, 214, 219, 225
경계치 조건 197
고전물리학 140, 246
고전적 시간 210
공간 3차원 196, 206
공간 4차원 196, 200, 206
공룡 158
과학적 방법론 90, 164, 176
과학주의 235
과학혁명 90
관성의 법칙 90
광속 불변의 법칙 187
광속 한계의 법칙 239
구면 우주 196, 198, 223
구상성단 165
궁창 183
귀납적 91
귀납적인 과학적 방법론 178
균일성의 원리 85, 206
근대과학혁명 14, 90, 93
기원과학 59, 176, 180, 229
기원과학적 방법론 180
길이 수축 효과 241

ㄴ

나선은하 73, 82, 84
날-시대 이론 143, 175
눈높이 해석법 171

ㄷ

다중 우주론 35, 44, 47, 48, 95, 100, 121, 214
닫힌 우주 40, 260
대폭발 이론 36
두 가지 시간 167
드레이크 방정식 124

ㄹ

렙톤 257
로슈 한계 131, 149, 150, 153, 165
르메트르 23, 30

ㅁ

막 이론 54, 55
만듦 201, 202
만물의 이론 74, 120, 121
만유인력 137
맛소라 사본 162, 163
묘성 134
무신론 227
무신론적 우주 기원론 228
문자주의 165
물질 지평선 39, 263
미세 조정 40, 46, 117, 123, 133, 216
미세 조정 문제 80

ㅂ

방사능 연대 측정 145
방사성탄소 157

벌레 구멍 168
범주 오류 104
범주의 오류 110
변하는 광속 이론 44, 58, 217
별의 진화 146
보존 258
불규칙은하 73
불확정성 원리 232
블랙홀 54, 55, 126, 168, 221, 244
비정상 분포 77
빅뱅 이론 31, 32, 36, 46, 142, 147, 167, 216, 245

ㅅ

4가지 힘 255
4차원 185
4차원 공간 54
4차원 물리학 187
4차원 시공간 217
삼성 134
3일-3일 이론 175
3차원 시간 210
삼태성 134
상대밝기 28
상대성 이론 66, 67, 91, 92, 167, 177, 185, 237
상대 시간 210
상대적 시간 186
새 인플레이션 이론 44
생명안전지대 126, 128
설계 133
성년 우주 220
성년 우주 창조설 216
성운 16
세계관 89
세페이드 변광성 19, 28

수정 가능성 178
수정된 뉴턴역학 69
수정된 중력이론 69
스칼라 필드 49, 50
시간의 펼침 207, 224
시간 지연 효과 240
시간 펼침 효과 195
시공 4차원 185, 192, 193, 248
시공 5차원 194
신의 입자 254
11차원 189
쌍둥이 역설 241
쌍둥이 형제의 역설 240
쌍성 16, 127, 150
씨앗우주 192, 193, 194, 205, 208, 217

ㅇ

아기 우주 122
아옌데 운석 146
아일럼 30
안드로메다 27, 159
안정성 조건 195, 196
암흑 물질 60, 64, 65, 68, 86
암흑 에너지 29, 60, 64, 65, 70, 86
암흑 에너지-암흑 물질 우주론 모델 71
약한 핵력 255
양자 얽힘 204, 205
양자역학 66, 67, 92, 177, 237
양자 요동 187
에너지보존법칙 186
에테르 66, 67, 91, 237, 238
엔셀라두스 151, 152
여분의 차원 189, 250
연대기 162
연역적 91
연역적 방법론 178

연주 시차법 27
열린 우주 40, 260
오래된 연대 167
오래된 연대론 169
5차원 188, 191
5차원 물리학 189, 198, 250, 252
5차원 우주론 199, 200
5차원 우주론적 상대성 이론 198
5차원 우주 창조론 185, 220
욤 143
우라늄-납 연대 측정법 145
우아한 출구 43
우연 181, 230, 231
우주 공동 25
우주론적 상대성 이론 252
우주배경복사 32, 38, 75, 76, 207
우주 상수 24, 70, 244
우주 시간 199, 220, 252
우주 연대의 동등성 219
우주 원리 85
우주 진화 36
우주 창조의 원리 195
우주 팽창설 23
운석공 161
원자 시간 199, 220, 252
유신론 96, 228
유신론적 우주 기원론 228
6,000년 설 162, 165
은하 24
은하단 25, 85
은하 동물원 72, 73, 84
은하 만리장성 25, 85
은하 필라멘트 85
이중성 66, 67
인플라톤 49
인플레이션 41, 52, 75, 78, 94, 95, 263

인플레이션 빅뱅 35
일반 상대성 이론 23, 243
임계밀도 40, 260

ㅈ

자기 단극 75
자연주의 52, 86, 93, 95, 97, 98, 101, 120, 179, 187, 191, 214, 227
자유주의 175
작동과학 59, 176, 177, 229
적색왜성 127
적색편이 20, 45, 197, 205
전자기력 251, 255
절대등급 28
절대밝기 28
절대 시간 140, 186
젊은 연대 161, 167
젊은 연대론 148, 169
정상 상태 우주론 31, 37
정적 우주 70
정적 우주론 16, 23
정통주의 175
제1세대 별 147
조석력 155
조석 효과 153
족보 162
주기적 우주론 54, 55
중간 화석 143
중력 104, 251, 255, 256
중력렌즈 효과 243
중력 수축 29
중력자 255
중력파 244
지동설 90
지적 설계 106
지평선 문제 35, 37, 39, 79, 194, 262

진동 우주론 46
진행적 창조론 142, 143
진화론 179, 180

ㅊ
창조 201, 202
창조과학 164, 175, 180
창조 나이 199, 209, 214, 218, 225
창조론 164, 175
창조론적 우주론 170, 174, 184
창조 설계 181
초끈 98
초끈 이론 54, 108, 188, 247
초신성 28, 29, 62, 94, 147, 168
초은하단 25, 85
70인 역 162, 163

ㅋ
캄브리아 대폭발 154
쿼크 32, 98, 257
퀘이사 85, 169
퀸테센스 이론 75

ㅌ
타원은하 73, 82, 126
토성 150, 165
특수 상대성 이론 67, 140, 238
틈새의 하나님 102

ㅍ
패러다임 89
팽창 우주관 23
편평도 문제 35, 37, 40, 41, 80, 262
편평한 우주 261
펼쳐진 우주론 201, 204, 218, 224
펼쳐진 우주 창조론 184, 191, 223
평균밀도 40

평면 우주 196
포스트모던 인플레이션 이론 78, 79
표준 모델 33, 35
표준 모형 257, 258, 259
표준 우주론 63
표준 인플레이션 이론 78
플랑크 길이 189
플랑크 위성 76, 77

ㅎ
하나님의 시간 170, 211, 212
하늘의 펼침 181
핵분열 186
핵융합 119, 256
허블 상수 23
허블 우주망원경 24
허블의 법칙 21, 204, 206, 223
현대과학혁명 14, 93
혼돈 우주론 48
혼돈 인플레이션 이론 44, 47
화이트홀 168
확률 232
환원주의 73, 98, 225
휘어진 공간 243
휘어진 공간 3차원 200
휘어진 3차원 우주 197
흑체 복사 66, 91
힉스 입자 254, 258

A
ADD 189

B
BB 이론 38
binary stars 16
brane theory 54

C
CC 이론 37
Cepheid variable star 19
COBE(Cosmic Background Explorer) 76

D
dark energy 60
dark matter 60
day-age theory 143, 175
duality 66

E
Encenladus 151

G
Gamow 30
Gap theory 144

I
inflation 41
inflaton 49

L
Lemaitre 23
lepton 257

M
mature creationism of the universe 216
modified gravity 69
M 이론 104, 107, 108, 110, 230

N
nebula 16

O
operation science 59
Operation Science 176
origin science 59

O
Origin Science 176
Oscillating Universe Theory 46

P
Planck length 189

Q
quantum entanglement 204
quark 32, 257

R
red shift 20
Roche limit 149

S
scalar field 49
seed universe 192
Steady-state cosmology 31
Stretched Cosmology 191
superstring 98
superstring theory 188

T
theory of everything 74

V
Variable Speed of Light 217

W
white hole 168
WMAP(Wilkinson Microwave Anisotropy Probe) 76
worm hole 168

Y
ylem 30
yom 143